直线电机与磁浮驱动

主编　李益民
主审　郭育华

西南交通大学出版社
·成都·

图书在版编目（CIP）数据

直线电机与磁浮驱动 / 李益民主编. —成都：西南交通大学出版社，2018.7（2021.7 重印）

ISBN 978-7-5643-6253-9

Ⅰ. ①直… Ⅱ. ①李… Ⅲ. ①直线电机 – 高等职业教育 – 教材②磁浮铁路 – 高等职业教育 – 教材 Ⅳ. ①TM359.4②U237

中国版本图书馆 CIP 数据核字（2018）第 138829 号

直线电机与磁浮驱动	**主编　李益民**	责任编辑　李　伟
		封面设计　何东琳设计工作室

印张　9.5　　字数　215 千

成品尺寸　185 mm×260 mm

版次　2018 年 7 月第 1 版

印次　2021 年 7 月第 2 次

印刷　成都蓉军广告印务有限责任公司

书号　ISBN 978-7-5643-6253-9

出版发行　西南交通大学出版社

网址　http://www.xnjdcbs.com

地址　四川省成都市二环路北一段 111 号
　　　西南交通大学创新大厦 21 楼

邮政编码　610031

发行部电话　028-87600564　028-87600533

定价　25.00 元

前　言

　　随着社会经济的发展和人民生活水平的日益提高,人们的出行次数迅速增加,同时人们对旅行质量的要求也在逐步提高,这要求社会提供更加快捷、安全、舒适及符合环保要求的交通运输工具。磁浮铁路符合这些要求,它将有可能成为 21 世纪主要的交通运输工具之一。我国国土辽阔,人口众多,尤其适合发展磁浮铁路。

　　世界上已有十几个国家开展过磁浮铁路的研究探索工作,目前比较成熟并具有代表性的磁浮铁路技术有三大类型:日本的高速地面运输系统(HSST)(实际为中低速磁浮铁路系统)、德国的常导超高速磁浮铁路技术(TR)及日本的超导超高速磁浮铁路技术(ML)。它们的共同之处都是依靠磁浮技术将列车悬浮起来并利用直线电机(或称线性电机)驱动列车行驶。

　　日本的高速地面运输系统(High Speed Surface Transport,HSST)采用常导、短定子直线电机及列车驱动的磁浮铁路技术,目前最高速度为 130 km/h,适合于城市轨道交通、机场旅客运输等中短距离的旅客运输,其技术已经达到实用化程度。

　　德国的磁浮铁路技术(Trans Rapid,TR,简称"运捷")采用常导、长定子直线同步电机及路轨驱动的磁浮铁路技术,最高试验速度为 450 km/h(1993 年),适用于中长距离的超高速旅客运输,其技术基本成熟,目前已经建成的上海浦东机场磁浮示范线采用的就是该项技术。

　　日本的超导磁浮铁路技术(Magnetic Levitation,ML,或称 Maglev),采用低温超导、长定子直线同步电机及路轨驱动的磁浮铁路技术,最高试验速度已达 552 km/h(1999年),适用于中长距离的超高速旅客运输,其技术也基本成熟。

　　上述三种磁浮铁路技术各有特点,究竟采用哪种形式,各个国家及各位专家有不同的看法。日本的超导磁浮铁路技术先进,运行速度高,得到大家的普遍认可,它在未来的中长途旅客运输中具有良好的发展前景。

　　截止到 2018 年 1 月,世界上磁浮商业营运线路共有 7 条(1 条已停运,系 1984 年建成长 620 m 连接英国伯明翰机场和火车站的低速磁浮系统,最高速度 50 km/h,属世界上首条商业运营的公共运输低速磁浮系统,1996 年由于磁浮车故障率太高,维护频繁,磁浮系统停运），其中 3 条商业营运线路就在中国。中国第一条商业运营线——上海浦东机场磁浮示范线，是引进德国技术于 2002 年年底建成的国内首条高速常导磁浮线路，至今已 19 年，仍是全球唯一商业运营的高速磁浮线路；第二条商业运营线——长沙机场线，全长 18.55 km，是世界上最长的中低速磁浮运营线，设计最高速度为 100 km/h；第三条商业运营线——北京首条磁浮线路中低速磁浮交通示范线 S1 线，全长 10.236 km，属于中低速磁浮线路，设计最高速度为 100 km/h。另外 3 条商业运营的中低速磁浮线路在日本、美国和韩国，一条是 2005 年 3 月开通的日本名古屋中低速磁浮线路，连接名古屋到爱知世博会举办地——丰田市，全长约 9 km；一条是 2010 年完工的华盛顿杜勒斯机场磁浮主航站楼地铁，采用德国 TR 技术，采用长定子直线同步电机驱动，由地面控制中心予以控制；另一条是 2014 年 7 月开通的韩国仁川国际机场至龙游站磁浮线路，全长 6.1 km。

磁浮技术沉寂多年后，近年来以长沙磁浮和北京磁浮为代表的国产中低速磁浮另辟蹊径，呈现燎原之势。应该说，长沙机场线和北京 S1 线示范着磁浮的性能优势与应用场景，也折射出磁浮技术发展与应用的曲折进程。我国在未来还将建设新的高速磁浮和中低速磁浮线路。

本书介绍的主要内容有绪论、直线电机、日本超导超高速磁浮铁路技术、德国常导超高速磁浮铁路技术、中国上海磁浮示范线、日本中低速磁浮 HSST 系统和我国磁浮铁路研究、发展及实践。

本书由西安铁路职业技术学院牵引动力学院李益民教授主编（编写第一章、第五章、第六章和第七章），西南交通大学电气工程学院郭育华副教授主审。参加编写的还有西安地铁公司运营分公司工电部李晴助理工程师（编写第二章）、西安铁路职业技术学院牵引动力学院刘芳璇讲师（编写第三章）和朱慧勇讲师（编写第四章）。全书由李益民负责统稿。

非常感谢西南交通大学电气工程学院卢国涛和刘国清二位老师为本书编写提供了不少实用资料。

由于编者手中缺少综合介绍磁浮铁路技术的书籍，尤其缺少介绍中国国内磁浮铁路的书籍，因此书中疏漏和不足难免存在，敬请大家批评指正。

编　者

2021 年 7 月 29 日于西安

目　录

第一章 绪 论

磁浮列车（Maglev Train）是一种现代高科技轨道交通工具，它通过电磁力实现列车与轨道之间的无接触悬浮和导向，再利用直线电机产生的电磁力牵引列车运行。

1922 年，德国工程师赫尔曼·肯佩尔（Hermann Kemper）提出了电磁悬浮原理，继而申请了专利。20 世纪 70 年代以后，随着工业化国家经济实力不断增强，为提高交通运输能力以适应其经济发展和民生的需要，德国、日本、美国等国家相继开展了磁浮运输系统的研发。

目前有三种典型的磁浮技术：第一种是德国发明的常导电磁悬浮技术，我国上海磁浮列车、长沙磁浮列车和北京磁浮列车均采用该技术；第二种是日本发明的低温超导磁浮技术，如日本在建的中央新干线磁浮线路；第三种是高温超导磁浮技术，与低温超导磁浮技术的液氦冷却（−269 ℃）不同，高温超导磁浮技术采用液氮冷却（−196 ℃），工作温度得到了提高。日本的超导磁浮（ML）、德国的常导磁浮（TR）和日本航空的常导磁浮（HSST）都是典型磁浮技术的代表。

本章主要介绍磁浮铁路的分类、作用以及上述磁浮铁路的发展。为此先定义铁路的类型和磁浮铁路的类型。

第一节 铁路分类

日本的超导磁浮线路和德国的常导磁浮线路属于超高速铁路。超高速铁路是相对高速铁路而言的，是由列车的最高运行速度决定的。根据列车的最高运行速度的不同，铁路可以划分为低速、快速、高速和超高速铁路等类型。

一、低速铁路

列车最高运行速度不大于 120 km/h 的铁路称为低速铁路，即通常意义上的铁路，也称普速铁路、普通铁路、常速铁路或简称为铁路。这种铁路大部分为客货混线运输的铁路，目前世界上绝大部分铁路都属于这种铁路。

根据《铁路主要技术政策》的划分，低速铁路一般包括特别繁忙干线、繁忙干线、干线、支线及城际铁路。

1. 特别繁忙干线

在国家重要的交通运输大通道中担当客货运输主力，在路网中起极重要的骨干作用，且客货行车量达到或超过 100 对的线路称为特别繁忙干线。

2. 繁忙干线

连接经济发达地区或经济大区，在路网中起重要的骨干作用，且客货行车量单线达到或超过 30 对和双线达到或超过 60 对的线路称为繁忙干线。

3. 干　线

连接大中城市，在路网中起骨干作用，且客货行车量超过 15 对的线路称为干线。

4. 支　线

连接中小城市，在路网中起辅助、联络作用，或为地区经济交通运输服务，或客货行车量不超过 15 对的线路称为支线。

5. 城际铁路

长度在 500 km 以下、客货运输繁忙、相邻两大城市间的铁路称为城际铁路。

二、快速铁路

列车最高运行速度为 120～200 km/h 的铁路称为快速铁路，其中以客运为主的铁路，列车的最高运行速度不低于 160 km/h。快速铁路有时也称为中速铁路。我国铁路大提速的速度目标值大部分都是由低速铁路的速度范围提高到快速铁路的速度范围。目前，我国的主要干线铁路已由低速铁路升级为快速铁路。未来的铁路大提速将在规定范围内将低速铁路改造为快速铁路。

原先曾经将列车最高运行速度为 160～200 km/h 的铁路称为准高速铁路。2000年，原铁道部颁布的《铁路主要技术政策》已将准高速铁路归为快速铁路。

三、高速铁路

高速铁路，简称高铁，在不同国家、不同时代有不同规定。一般将列车最高运行速度为 200～350 km/h 的铁路称为高速铁路。日本 1970 年在《全国新干线铁路整备法》中规定：在主要区间能以 200 km/h 以上速度运行的干线铁道为新干线（即最高速度）。在欧洲，新建铁路的列车最高运行速度为 250～300 km/h，既有线达到 200 km/h 的铁路称为高速铁路。目前，国际上一般认为列车最高运行速度达到 200 km/h 及以上的铁路才能称为高速铁路。中国国家铁路局将高速铁路定义为：新建设计开行 250 km/h（含预留）及以上动车组列车、初期运营速度不小于 200 km/h 的客运专线铁路。

世界上第一条高速铁路是日本的东海道新干线，于 1964 年 10 月建成通车。

我国第一条客运专线——秦沈客运专线已于 2003 年 10 月 12 日开通运营，其最高速度为 200～250 km/h。

低速、快速、高速铁路有一个共同的特点：列车依靠轮轨接触方式驱动，即列车车轮紧贴钢轨运行，钢轨为车轮提供支承、牵引及导向三大功能。

四、超高速铁路——磁浮铁路

为了与轮轨接触的高速铁路相区别，我们建议将列车最高运行速度超过 350 km/h 的铁路称为超高速铁路。

目前，一般认为轮轨接触型铁路的实用最高速度为 350 km/h 左右，故欲使列车达到更高的运行速度，难以依靠传统的轮轨接触方式，而要依靠其他的牵引方式来降低列车的运行阻力，尤其是轮轨摩擦阻力。为此国际上曾研制过气垫列车、磁浮列车等新型的铁路运输工具，但目前比较成熟的超高速铁路技术仍然为磁浮铁路技术。

磁浮铁路目前分为低速、中速、高速和超高速几种类型，列车最高运行速度超过 350 km/h 的磁浮铁路为超高速磁浮铁路。目前，中美两国正在准备研制磁浮飞机，其最高运行速度为 500 km/h，这种磁浮飞机也应归入超高速磁浮铁路的范畴。

五、高速、超高速铁路的发展阶段

高速铁路和超高速铁路一般统称为高速铁路，可以将其按最高运行速度及其发展阶段进一步分类。考虑到将来的发展，高速及超高速铁路可以划分为五代。

1. 第一代

第一代属于高速铁路的范畴，列车最高运行速度为 200～250 km/h。它采用传统的轮轨接触形式。这一代高速铁路的典型代表是世界上第一条高速铁路——日本东海道新干线，1964 年 10 月 1 日建成通车，当时列车最高运行速度为 210 km/h。我国的秦沈客运专线全线设计速度达到 200 km/h 或以上，基础设施预留 250 km/h 的提速条件，故该条线路应属于第一代高速铁路。

2. 第二代

第二代属于高速铁路的范畴，列车最高运行速度为 250～350 km/h。它也采用传统的轮轨接触方式。目前新建的高速铁路大多属于这种类型。日本后来建设的北陆新干线（最高运行速度 260 km/h）、法国的东南线（最高运行速度 270 km/h）及大西洋线（最高运行速度 300 km/h）、中国的京沪高速铁路（设计最高运行速度 300 km/h，运营速度 250～300 km/h）均属于第二代高速铁路。

3. 第三代

第三代属于超高速铁路的范畴，列车最高运行速度为 350～550 km/h，主要依靠磁浮方式实现线路与列车之间的无接触运行。其主要特点是线路修建在地面上并且列车在普通的大气环境中运行。目前能实现这一运行速度的磁浮方式只有日本的 ML 方式（最高运行速度 500 km/h，超导磁浮）和德国的运捷（最高运行速度 440 km/h，常导磁浮 TR）。我国于 2002 年 12 月开始试运营的上海磁浮示范线（最高运行速度 430 km/h）和青岛开发的时速 600 km 高速磁浮试验样车也属于第三代高速铁路范畴。

4. 第四代

第四代属于超高速铁路的范畴，其主要特点是线路采用高架低真空管道形式。管道内保留 10% ~ 20% 的空气，即将常温时的空气密度（1.2 kg/m³）降为低真空密度（0.12 ~ 0.24 kg/m³）。列车最高运行速度可达 2 000 ~ 3 000 km/h，大约为两倍的音速。目前这种交通方式只是处于前期构想和试验阶段，预计 10 年左右时间，这种超高速铁路可能成为现实。

5. 第五代

第五代属于超高速铁路的范畴，其主要特点是线路采用地下真空管道磁浮形式。20 世纪 70 年代末，美国一家咨询公司设计了一种"行星号"的未来地下铁道，理论速度可达 22 500 km/h，纽约至洛杉矶只需半小时即可到达。这种超高速列车不但可以获得极高的运行速度，而且其运营费比普通铁路便宜 90%，比飞机便宜 95%。这是一种理想型、科幻型的超高速铁路。限于现代科技水平及经济方面的原因，这种高速铁路目前还难以实现。

从上面的分析可以看出，将来高速、超高速铁路的发展方向是磁浮铁路。

第二节　磁浮铁路分类

根据不同的划分方式，磁浮铁路可以划分为多种类型。

一、按应用范围划分

应用范围主要体现在线路长度、在路网中的作用、最高运行速度及所属管理部门等方面。据此磁浮铁路可以划分为干线磁浮、城际磁浮和城市磁浮。

1. 干线磁浮

这里的干线包括前述的特别繁忙干线、繁忙干线和干线，线路长度一般超过 500 km，在国家重要的交通运输大通道担当客运主力，连接经济发达地区、经济大区或大中城市，在路网中起重要的骨干作用。该铁路的最高运行速度一般要达到高速或超高速铁路的速度范围，一般归铁路部门或交通部门经营管理。

2. 城际磁浮

其线路长度在 500 km 以下，连接客运繁忙的相邻两大城市。运行速度一般达到中高速铁路的速度范围，一般归铁路部门或交通部门经营管理。

3. 城市磁浮

其线路长度不超过 100 km，承担市内交通、机场内交通或机场与市区间交通的任务。由于运行距离较短，列车的运行速度一般是在中低速的速度范围内，一般归市政部门或民航部门管理。

二、按运行速度划分

根据前述划分标准，按照列车的最高运行速度，磁浮铁路可分为低速（常速）磁浮、中速磁浮、高速磁浮和超高速磁浮铁路。一般将低速和中速磁浮统称为中低速磁浮，而将高速和超高速磁浮统称为高速磁浮。中低速磁浮主要适用于城市轨道交通（含机场内交通），高速磁浮主要适用于干线和城际交通。

三、按导体材料划分

根据直线电机线圈绕组是否使用超导体材料，磁浮铁路可以划分为超导磁浮和常导磁浮。

1. 超导磁浮

超导磁浮的线圈使用超导材料。超导材料在周围环境温度低于其临界温度后就处于超导状态，即超导绕组内的电阻几乎为零。超导电磁铁能产生强大的磁场，具有极高的工作效率，因此可以使列车获得较大的悬浮高度和更快的运行速度。其缺点主要为超导磁铁结构复杂，体积庞大，并且为了使超导绕组始终处于超导状态，在列车上还要配备制冷装置。日本的 ML 技术属于超导磁浮技术。

2. 常导磁浮

常导磁浮使用普通材料制成线圈绕组，采用普通导体通电励磁，产生电磁悬浮力和导向力。这种直线电机具有结构简单、养护维修方便等优点。其主要缺点是线圈绕组中电阻较大。因此这种直线电机的功率损失较大，并且线圈绕组容易发热，列车的运行速度也会受到一定限制。德国的运捷（TR）、日本的 HSST 及我国的大部分磁浮研究都属于常导磁浮技术。

四、按制冷剂及工作温度划分

超导磁浮铁路依靠制冷剂使超导绕组维持在超导状态。目前，超导磁浮常用的制冷剂为液氮和液氦。根据两者工作温度的不同，磁浮铁路又可划分为高温超导磁浮和低温超导磁浮两类。

1. 高温超导磁浮

液氮的工作温度为 77 K（－196 ℃）。采用适合于该工作温度的超导材料制作的磁浮绕组的磁浮称为高温超导磁浮,目前一般采用液氮作为高温超导线圈绕组制冷剂。我国西南交通大学研制出了高温超导磁浮系统,超导材料使用以钇(Y)为主的钇钡铜氧(YBaCuO)高温超导体块材。

值得注意的是,高温超导磁浮的工作温度未必是固定的。随着超导技术的发展,磁浮铁路所使用的高温超导工作温度可能会升高。将来也有可能使用常温超导磁浮材料,到那时还可能会出现常温超导磁浮铁路。

2. 低温超导磁浮

液氦的工作温度为 4.2 K(−269 ℃)。采用适合该工作温度的超导材料制作绕组并且采用液氦作为超导绕组制冷剂的磁浮称为低温超导磁浮,简称超导磁浮。日本的 ML 磁浮系统是低温超导磁浮系统,超导绕组使用铌钛合金制造。

【拓展:超导磁浮】

超导磁浮,利用超导体的抗磁性实现磁浮。人们把在实现超导的过程中处于超导状态的导体称为"超导体"。超导体的直流电阻率在一定的低温下突然消失,称作零电阻效应。导体没有了电阻,电流流经超导体时就不发生热损耗,电流可以毫无阻力地在导线中形成强大的电流,从而产生超强磁场。

超导磁浮是主要利用低温超导材料和高温超导材料实现悬浮的一种方式。低温超导技术采用在列车车轮旁边安装小型超导磁体,在列车向前行驶时,超导磁体则向轨道产生强大的磁场,并和安装在轨道两旁的铝环相互作用,产生一种向上的浮力,消除车轮与钢轨的摩擦力,起到加快车速的作用。高温超导磁浮是一项利用高温超导块材磁通钉扎特性,而不需要主动控制就能实现稳定悬浮的技术。超导在运载上的其他应用还有用作轮船动力的超导电机、电磁空间发射工具及飞机悬浮跑道。

超导磁浮原理:把一块磁铁放在超导盘上,由于超导盘把磁感应线排斥出去,超导盘与磁铁之间有排斥力,结果磁铁悬浮在超导盘的上方。这种超导悬浮在工程技术中可以被大大利用,超导悬浮列车就是一例。使列车悬浮起来,与轨道脱离接触,这样列车在运行时的阻力降低很多,沿轨道"飞行"的速度可达 500 km/h。

日本所研制的低温超导磁浮在 2015 年 4 月 21 日创造了地面轨道交通工具载人速度的世界新纪录(603 km/h),并计划于 2027 年修建中央新干线磁浮线。这条低温超导磁浮商业运营线旨在连接东京、名古屋和大阪三大城市,全程 498 km,运行速度为 505 km/h。

与普通磁浮相比,利用超导磁体实现磁浮具有以下优点:悬浮的间隙大,一般可大于 100 mm;速度高,可达到 500 km/h 以上;可同时实现悬浮、导向和推进;推进直线同步电机效率高达 70%~80%;低能耗的客运和货运;不需要铁心,因为是永久电流工作,不需要车上供电系统,所以质量轻,耗电少。当然这些优点是相对需要复杂的低温系统的低温超导而言的,若高温超导能实现工程运用,则磁浮系统各方面的

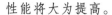

性能将大为提高。

高温超导体被发现后，超导态可以在液氮温区（－196 ℃ 以上）出现，超导悬浮的装置更为简单，成本也大为降低。2000 年，我国西南交通大学超导技术研究所研制成功了世界首辆载人高温超导磁浮实验车"世纪号"，证明了高温超导磁浮车在原理上的可行性。

五、按直线电机的定子长度划分

根据直线电机的定子长度不同，直线电机可以划分为长定子直线电机和短定子直线电机。据此，磁浮也分为长定子直线电机磁浮和短定子直线电机磁浮。

1. 长定子直线电机

长定子直线电机的定子设置在导轨上，其定子绕组可以在导轨上无限长地铺设，故称为长定子。长定子磁浮一般采用导轨驱动技术，列车的运行速度和运行工况由地面控制中心直接控制。长定子直线电机通常用在高速及超高速磁浮铁路中，应用于干线及城轨铁路领域。

2. 短定子直线电机

短定子直线电机的定子设置在车辆上。由于长度受列车长度的限制，故称为短定子。短定子磁浮一般采用列车驱动技术，列车的运行速度和运行工况由司机直接控制。短定子直线电机通常用在中低速磁浮铁路中，应用于城市轨道交通领域。长沙磁浮列车就是采用短定子直线电机。

六、按直线电机的磁场是否同步运行划分

按直线电机的磁场是否同步运行，直线电机可以划分为直线同步电机和直线感应电机两种类型。

1. 直线同步电机（LSM）

直线同步电机一般采用长定子技术，转子磁场与定子磁场同步运行，控制定子（初级线圈，导轨侧）磁场的移动速度就可以准确控制列车的运行速度。高速、超速、超高速磁浮铁路一般使用这种长定子直线同步电机。该电机技术复杂，一般用于长大干线交通或城际交通系统中。德国的运捷（TR）和日本的 ML 系统均使用这种直线同步电机。

2. 直线感应电机（LIM）

直线感应电机的转子磁场与定子磁场不同步运行，故也称直线异步电机。次级线圈（导轨侧）的磁场移动速度低于初级线圈磁场的移动速度。

短定子直线感应电机结构比较简单，制造成本较低；其缺点是效率和功率因数相对较低，运行中需要地面供电装置对磁浮列车接触供电，不能实现车辆、线路之间完

全无接触地运行，所以该电机更适合中低速磁浮铁路使用，一般用于城市轨道交通。日本的 HSST 系统及我国目前自行研制的磁浮系统大部分使用这种直线感应电机。

七、按驱动方式划分

列车的运行工况（牵引、惰行、制动）及运行速度完全由定子绕组中的移动磁场控制。按照直线电机的初级线圈（定子线圈）的安设位置不同，磁浮铁路可以划分为导轨驱动和列车驱动两种类型。

1. 导轨驱动磁浮

导轨驱动也称为路轨驱动。直线电机的初级线圈（定子线圈）设置在导轨上，采用长定子同步技术。该列车的运行工况及运行速度由地面控制中心控制，列车司机不能直接控制。导轨驱动磁浮一般用于干线或城际交通。德国的运捷（TR）和日本的 ML 系统均使用这种导轨驱动技术。

2. 列车驱动磁浮

中低速磁浮直线电机的初级线圈（定子线圈）设置在车辆上，故这种磁浮铁路也称为列车驱动的磁浮铁路。该列车的运行工况及运行速度由列车司机控制。列车驱动磁浮一般用于城市轨道交通。目前，我国自行研制的磁浮系统大都使用这种列车驱动技术。

八、按导轨结构形式划分

磁浮铁路所使用的导轨结构有多种形式，常用的有"T"形、"⊥"形、"U"形和"一"形导轨。

1. "T"形导轨

这种导轨梁的横断面为"T"形。直线电机的驱动绕组及悬浮绕组均安装在导轨梁两侧翼的下方，导向绕组安装在两侧翼的外端，导轨梁直接安装在桥墩上。德国高速磁浮运捷和日本中低速 HSST 系统采用这种导轨结构形式。

由于这种磁浮列车"抱"着导轨运行，故遇突发事故时的安全性更好，并且线路设计中的最小曲线半径更小。但它对轨道梁的加工精度、列车的悬浮及导向的控制要求很高。

2. "⊥"形导轨

这种导轨结构类似于城市轨道交通中的跨座式独轨交通。日本早期磁浮试验线曾经采用过这种结构形式。由于这种导轨的凸出部分侵占车辆的底部空间，影响车厢的载客率，所以目前一般不再采用这种导轨结构形式。

3. "U"形导轨

这种导轨梁的横断面为"U"形，列车在 U 形槽中运行。地面的驱动、悬浮及导向绕组均安装在 U 形槽的内侧壁。这种导轨梁可以采用高架结构架设在桥墩上，也可以采用无碴轨道形式铺设在路基上。与 T 形导轨的要求相比，U 形轨道梁的加工精度及对列车的悬浮控制、导向控制的要求较低，但对最小曲线半径的要求更高（即要求最小曲线半径更大）。日本的 ML 系统目前采用这种导轨结构形式。

4. "一"形导轨

这种导轨梁的横断面为"一"形，地面绕组均安装在导轨梁的正上方，车辆绕组均安装在车辆的下方，列车在导轨梁上方运行。这种导轨梁一般架设在桥墩上，采用高架结构，结构简单，但导向功能稍差，因此主要适用于中低速磁浮。我国西南交通大学研制的"世纪号"高温超导磁浮采用这种导轨结构形式。

九、按悬浮方式分

按照将车辆悬浮起来的原理及方式不同，磁浮铁路可以划分为电磁悬浮、电动悬浮两种类型。

1. 电磁悬浮

电磁悬浮（Electromagnetic suspension，EMS）也称为磁吸式悬浮或常导吸引型磁浮，一般采用"T"形导轨，车辆环抱导轨运行。导轨上的驱动、悬浮绕组安装在导轨侧翼底部，车辆上的驱动、悬浮绕组安装在车辆下翼的上缘，通过电磁作用将列车向上吸起悬浮于轨道上。磁铁和铁磁轨道之间的悬浮气隙一般为 8 ~ 12 mm。列车通过控制悬浮磁铁的励磁电流来保证稳定的悬浮气隙。

德国的运捷（TR）系统及日本的 HSST 系统均采用这种悬浮方式。这种悬浮方式由于采用磁铁异性相吸的原理，磁场在直线电机的初级、次级线圈之间基本上可以形成闭合回路，磁场向外界扩散较少，电磁污染程度很低，磁场对人的影响可以忽略不计。

【拓展：电磁悬浮技术】

电磁悬浮技术的主要原理是利用高频电磁场在金属表面产生的涡流来实现对金属球或金属样品的悬浮。将一个金属样品放置在通有高频电流的线圈上时，高频电磁场会在金属材料表面产生一高频涡流，这一高频涡流与外磁场相互作用，使金属样品受到一个洛伦兹力的作用。在合适的空间配制下，可使洛伦兹力的方向与重力方向相反，通过改变高频源的功率使电磁力与重力相等，即可实现电磁悬浮。

2. 电动悬浮

电动悬浮（Electrodynamic suspension，EDS）也称为磁斥式磁浮或超导排斥型磁浮。当列车运动时，车载磁体（一般为低温超导线圈或永久磁铁）的运动磁场在安装于线路上的悬浮线圈中产生感应电流，两者互相作用，地面绕组产生的磁场同性相斥将车辆悬浮起来。电动悬浮的悬浮高度一般为 100～150 mm。

　　与电磁悬浮相比，电动悬浮系统在静止时不能悬浮，必须达到一定的运行速度（120～150 km/h）后才能悬浮。电动悬浮系统在应用速度下，悬浮间隙较大，不需要进行主动控制。

　　电动悬浮可以采用"⊥"形导轨，车辆跨在导轨上运行。日本早期的 ML 系统采用这种悬浮方式。磁斥式磁浮还可以采用另一种导轨结构形式，即"一"形导轨。速度比较低的磁浮铁路可以采用这种悬浮方式。我国西南交通大学研制的高温超导磁浮采用这种悬浮方式。

　　日本的 ML 系统采用磁吸、磁斥混合并且以磁斥式为主的悬浮系统。在"U"形导轨侧壁内侧的地面悬浮绕组产生上下极性不同的一组磁场，若车辆侧的磁场与地面侧的磁场相适应，则导轨侧壁的磁场会对车辆磁场产生上吸下斥的混合作用，使车辆悬浮起来。这种悬浮方式也可以称为混合式悬浮方式。

　　磁斥式磁浮由于采用磁铁同性相斥的原理，初、次级线圈所产生的磁场在直线电机内部不能闭合，故其电磁污染比磁吸式磁浮要大得多。

十、几种典型磁浮系统的分类特征

　　前面总结了磁浮铁路常见的几种分类方法。从不同的角度考虑，还有其他多种分类方法。前面只是选择了几种与本书内容有关的分类方法进行介绍。

　　与前述众多分类方法类似，由于磁浮铁路技术目前正处在蓬勃发展、百花齐放的阶段，目前在世界范围内也有众多形式的磁浮系统，本书将在后面几章陆续进行介绍。其中几种具有代表性的磁悬浮系统如下：

　　（1）ML：日本低温超导超高速磁浮系统。

　　（2）TR：德国常导超高速磁浮铁路系统。

　　（3）HSST：日本中低速磁浮系统。

　　（4）世纪号：中国高温超导中低速磁浮系统。

　　上述磁浮系统的分类特征见表 1-1。

表 1-1　几种典型磁悬浮系统的分类特征

项　目	日本 ML	德国 TR	日本 HSST	中国世纪号
应用范围	干线、城际	干线、城际	城际、市内	市内
速度范围	超高速	超高速	中低速、高速	中低速
线圈导体	低温超导	常导	常导	高温超导
直线电机	长定子、同步	长定子、同步	短定子	短定子
驱动方式	导轨驱动	导轨驱动	列车驱动	列车驱动
悬浮方式	电动悬浮（EDS）磁斥式	电磁悬浮（EMS）磁吸式	磁吸式	磁斥式
导轨结构	"U"形	"T"形	"⊥"形	"一"形

第三节 磁浮列车的工作原理

磁浮列车是一种采用电磁力实现无接触悬浮、导向和驱动的轨道车辆系统。系统依靠电磁吸力或电动斥力将车辆悬浮于轨道上方一定的距离，实现列车与地面轨道间的无机械接触，利用线性电机驱动列车运行。虽然磁浮列车仍然属于陆上有轨交通运输系统，并保留了轨道、道岔和车辆转向架及悬挂系统等许多传统机车车辆的特点，但由于列车在牵引运行时与轨道之间无机械接触，其速度可以达到 500 km/h，是当今世界最快的地面交通工具。磁浮列车具有速度快、爬坡能力强、能耗低、运行时噪声小、安全舒适、不燃油、污染小和占地少等明显的优点。磁浮列车从根本上克服了传统列车轮轨黏着限制、机械噪声和磨损等问题，将成为理想的陆上交通工具。磁浮列车的工作原理与传统轮轨列车的工作原理不同，现以电磁悬浮列车为例予以说明，见图 1-1。

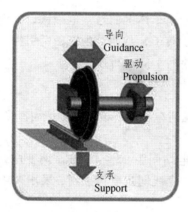
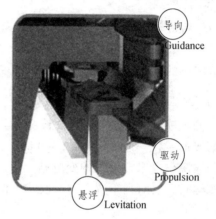

（a）传统轮轨列车　　　　　　　　　（b）磁浮列车

图 1-1　磁浮列车工作原理与传统轮轨列车工作原理图

磁浮铁路系统由线路、车辆、供电、运行控制系统 4 个主要部分构成。车辆的悬浮、导向和驱动系统是磁浮铁路的核心和关键。

磁浮系统：从目前来看，有应用价值的磁浮系统有两种，分别是电磁吸力悬浮系统（EMS）和电动斥力悬浮系统（EDS）。

导向系统：用导向力保证磁浮列车沿着导轨的方向运动。导向力可以分为吸力和斥力。磁浮列车的悬浮电磁铁可以同时为导向系统和悬浮系统提供吸力或斥力，导向力也可以由独立的导向电磁铁提供。

驱动系统：磁浮列车的驱动可采用同步直线电机和异步直线电机。采用同步直线电机时，磁浮列车的支撑电磁铁及悬浮电磁铁一般被用作同步直线电机的励磁磁极，轨道的驱动绕组起到电枢的作用，也就是同步直线电机的长定子绕组。采用异步直线电机驱动时，电机的作用与悬浮磁铁的作用完全分开，电机定子绕组安装在磁浮列车上，轨道上仅安装了异步直线电机的反应板。

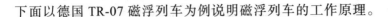

下面以德国 TR-07 磁浮列车为例说明磁浮列车的工作原理。

1. 悬浮原理

T 形梁翼底部为同步直线电机的定子，下方为安装在车体上的悬浮电磁铁，即同步直线电机的转子。

悬浮电磁铁通电产生磁场，与定子的铁心产生吸引力，使磁浮车往上吸向定子，利用位移传感器控制悬浮气隙，使悬浮气隙保持在 10 mm 左右。

2. 导向原理

磁浮列车的车体从两侧将 T 形梁的翼缘抱住，T 形梁的翼缘两侧面为导向轨，安装在车体上的导向电磁铁通电后与之产生吸引力，通过测量两侧导向电磁铁与导轨的间隙，并调节导向电磁铁的电流，就可控制列车位于对中位置。

3. 牵引原理

相当于将旋转电机的定子切开，沿路轨展开，车体上的悬浮电磁铁，为电机的转子，定子中三相绕组产生的移动行波磁场作用于转子，从而产生电磁牵引力。

调节定子的供电频率与电压，即可改变磁浮列车的运行速度。

4. 同步直线电机定子的供电原理

定子分段铺设于线路上，每段长度不等，视列车长度、该段速度、加速度、坡度、弯道等情况而定，一般为 300～2 000 m。

定子线圈供电来自沿线的变电站，一般变电站间距 25～40 km。两变电站间只允许一列车运行，仅对列车所在的那段定子供电。直线同步电机控制，采用 VVVF 变频变压调速方式。

5. 制动原理

常导磁浮列车的正常制动均利用同步直线电机作为发电机进行控制。高速运行时采用再生制动，将列车动能转化为电能回馈给电网；列车速度较低时，再生制动改为电阻制动；列车速度很低时，直线电机改为反接制动，即电机的牵引方向与列车的运行方向相反，直到列车停止。当直线电机制动失灵或需要紧急制动时，采用涡流制动，即车上的涡流制动电磁铁励磁，使侧向导轨产生涡流形成制动力。

第四节　磁浮列车的分类

一、电磁吸力型和电动斥力型

磁浮列车从悬浮力的特征上可分为电磁悬浮（EMS）和电动悬浮（EDS）两种，前者以德国的 TR 型和日本的 HSST 型磁浮列车为代表，后者以日本的 ML 型超导磁浮列车为代表。

电磁悬浮也称电磁吸力悬浮（Attractive Levitation），一般采用车辆环抱导轨运行。对车载的、置于导轨下方的悬浮电磁铁通电励磁而产生磁场，磁铁与轨道上的长定子直线电机定子铁心或悬浮轨道相互吸引，将列车向上吸起悬浮于轨道上。磁铁和铁磁轨道之间的悬浮间隙一般为 8～12 mm，故对线路精度的要求相当高。列车通过控制悬浮磁铁的励磁电流来保证稳定的悬浮间隙，通过直线电机来驱动列车行走。这种悬浮方式由于采用磁铁相吸的原理，磁场在磁铁和铁磁轨道间或直线电机的初级、次级线圈之间基本上可以形成闭合回路，磁场向外界扩散较少，电磁污染程度很低，磁场对人的影响可以忽略不计。

电动悬浮也称电动斥力悬浮（Repulsive），当列车运动时，车载磁体（一般为超导线圈或永久磁铁）与其运动磁场在安装于线路上的闭合线圈或导体板中产生感应电流并相互作用，闭合线圈或导体板产生的磁场与车载磁体的磁场同性相斥将车辆悬浮起来，悬浮高度一般可达 100～150 mm。列车运行靠直线电机牵引。与电磁吸力悬浮相比，电动斥力悬浮在静止时不能实现悬浮，必须达到一定速度后才能浮起。电动斥力悬浮系统在应用速度下，悬浮间距较大，不需要进行主动控制。但电磁斥力悬浮由于采用磁铁同性相斥的原理，车载磁铁磁场与轨道上的闭合线圈或导线板产生的磁场不能闭合，故其电磁污染比电磁吸力悬浮要大许多。

电动悬浮可以采用倒"T"形导轨，车辆跨在导轨上运行，日本早期的 ML 系统采用这种悬浮方式。电动悬浮还可以采用"U"形轨道，如日本后期的超导磁浮列车均采用这种结构。

二、常导型磁浮列车与超导型磁浮列车

磁浮列车的核心是悬浮系统，根据悬浮电磁铁所用材料不同，磁浮列车划分为常导型磁浮列车与超导型磁浮列车。

德国 TR 型磁浮列车和日本 HSST 型磁浮列车采用常温导体制成线圈通电励磁，产生电磁悬浮力和导向力，因而称为常导型磁浮列车。常导悬浮电磁铁由于线圈电阻的存在将产生能量消耗，也会使线圈温度增加。超导型悬浮列车利用安装在车辆上的超导线圈，通上电流后产生磁场，磁体的 N 极和 S 极沿列车的运行方向交替分布，用于驱动的定子线圈及用于悬浮和导向的 8 字形短路线圈都设置在 U 形槽的侧壁上，车辆侧的超导磁体与线路侧的 8 字形线圈和无铁心的长定子同步电机线圈共同作用，实现车辆的驱动、悬浮和导向。由于超导线圈的电阻为零，故能量消耗小。超导悬浮又分为高温超导（－196 ℃以下）磁浮和低温超导（－269 ℃以下）磁浮两类。

三、长定子同步驱动型与短定子异步电机驱动型

磁浮列车的牵引电机都是直线电机，一般可分为两种形式，即长定子同步驱动型

与短定子异步电机驱动型。采用长定子同步直线电机时，电机的定子沿整个线路铺设，电机的转子安装在车上，列车的运行速度和运行工况由地面控制中心直接控制。采用短定子异步电机时，电机的定子安装在车上而转子安装在轨道上，其长度受列车长度的限制，列车的运行速度和运行工况由司机直接控制。

长定子同步直线电机适合于较高速度（400～500 km/h）的磁浮列车驱动，德国的TR型常导磁浮列车和日本的MLX型超导磁浮列车都采用了长定子同步直线电机驱动。长定子同步直线电机驱动的列车运行时，车内的照明用电和空调用电是利用车载绕组产生的感应电流供电，能量使用效率非常高；停车时则使用车载蓄电池供电，车载蓄电池可以在列车运行过程中进行充电，实现了车与轨的完全无接触受流，电力使用效率特别好。

日本的HSST型低速（50～100 km/h）磁浮列车则采用短定子异步直线电机驱动。短定子异步直线电机结构比较简单，制造成本较低，但效率和功率因数相对较低，运行中需要地面供电装置对磁浮列车接触供电，不能实现车与轨的完全无接触运行，所以更适用于中低速磁浮列车。

四、高速磁浮列车和低速磁浮列车

按运行速度来分，德国的TR型悬浮列车最大运行速度大致为500 km/h，日本的HSST型悬浮列车最大运行速度为100 km/h左右，日本的MLX型超导磁浮列车最大运行速度为500 km/h。所以，德国磁浮列车和日本的超导磁浮列车又称为高速磁浮列车；日本的HSST型磁浮列车用于城市或市郊交通，以及连接机场与市区等，称为中低速磁浮列车。

第五节　国外磁浮交通技术的应用发展概况

本节重点介绍国外磁浮交通技术的应用发展概况。

一、磁浮技术在德国的发展状况

（一）早期开发过程

德国是世界上最早研究磁浮列车的国家。1922年，德国人赫尔曼·肯佩尔（Hermann Kemper）提出了磁浮原理，并在1934年获得世界上第一项有关磁浮技术的专利。由于当时技术和工艺条件限制，在此后30多年的时间里，磁浮技术没有得到明显的发展。

自20世纪60年代末开始，德国因环境和能源问题迫切要求开发新的高速交通体系。1969年，德国联邦交通部、联邦铁路公司和德国工业界参与了关于"高速与快速铁路的研究"，所研究的高速交通涉及轮轨高速铁路和磁浮高速铁路。在此基础上，在联邦政府的资助下，工业界开始了磁浮铁路的开发工作。

1971 年 2 月，德国第一辆磁浮原理车 MBB 和一段 660 m 长的试验线路投入试验运行，原理车采用车辆侧的短定子直线电机驱动。1975 年，Thyssen Henschel 公司在卡塞尔（Kassel）工厂的 HMB 试验线上率先实现了线路侧长定子直线同步电机驱动的磁浮车运行，这一试验系统，将直线驱动和磁浮支承结合起来，奠定了今天 TR 磁浮高速铁路发展的基础。1976 年研制的"彗星"号试验车，首次证明磁浮车可以以 400 km/h 以上的速度运行。1977 年，德国研究与技术部决定集中力量发展长定子直线同步电机驱动的常导磁浮交通系统。

（二）汉堡国际交通博览会磁浮示范线

在 1979 年汉堡国际交通博览会上，一段 900 m 长的 TR 磁浮铁路示范线顺利展出，并按时刻表送出了 5 万名参观者，汉堡市民对以 75 km/h 速度运行的磁浮车产生了极大的兴趣。

（三）埃姆斯兰的 TR 试验设施（TVE）

汉堡取得的成功，促成了德国在埃姆斯兰地区的拉滕建造大型试验设施的决定。为了建造第一段线路，德国工业界组成了磁浮铁路联合体（KMT），第一期工程包括 21.5 km 长的试验线路、试验中心和试验车 TR06，该线路于 1983 年 6 月 30 日投入试验运行。

为了提高试验速度，1984 年决定扩建南环线，并于 1987 年建成。至此，TVE 的试验线总长达到 31.5 km。1988 年，TR06 的试验速度达到了 412.6 km/h。1986—1989 年，Thyssen Henschel 公司牵头，研制了面向应用的磁浮列车 TR07。

（四）TR 走向应用

经过近两年的评价和鉴定，1991 年年底，德国得出 TR 磁浮高速铁路系统技术已成熟的结论。1993 年，TR07 型磁浮列车在 TVE 试验的最高速度达 450 km/h。

1997 年 4 月，德国决定建造柏林和汉堡之间的磁浮铁路。该线全长 292 km，原计划 1998 年下半年动工，2005 年投入商业运行，为此开发了拟用于柏林至汉堡线的 TR08 型磁浮列车，该车于 1999 年 10 月开始在 TVE 上进行了试验。后来因原来预测的客流量偏大，新的预测表明建设新线将面临亏损的危险，遂于 2000 年 2 月取消建设计划。

2000 年 6 月，中国上海市与德国磁浮国际公司合作进行中国高速磁浮列车示范运营线可行性研究。同年 12 月，中国决定建设上海浦东龙阳路地铁车站至浦东国际机场高速磁浮交通运营示范线。2001 年 3 月，总投资为 89 亿元人民币的上海磁浮快速列车干线正式开工建设，西起上海地铁 2 号线的龙阳站，东至浦东国际机场，正线长约 30 km，上下行折返运行，全线设两个车站、两个牵引变电站、1 个运行控制中心（设在龙阳路车站内部）和 1 个维修中心，设计运营最高速度 430 km/h，单向行驶时间为 8 min，发车间隔为 10 min。按设计水平，9 节车厢可坐乘客 959 人，每小时发车 12 列，按每天运行 18 h 计，年客运量可达 1.5 亿人次。2002 年 12 月 31 日，上海磁浮列车示范运营线建成通车。

之后德国又建了一条试验线，但 2006 年 9 月 22 日，德国拉滕—德尔彭的磁浮试验线发生了脱轨事故，造成了 25 人死亡，4 人重伤。这影响了磁浮列车技术在德国的推广。德国目前仍没有一条商业运营的磁浮线路，甚至德国媒体界把磁浮列车技术称为"昂贵的高科技玩具"。

二、磁浮技术在日本的发展状况

（一）采用低温超导磁体的电动悬浮高速列车系统

1962 年，日本开始磁浮交通的研究工作。1972 年，在庆祝日本第一条铁路建成 100 周年之际，第一辆由日本国铁开发研制的电动磁浮原理车 ML100 向公众展示，该车在 480 m 长的试验线路上速度达到了 60 km/h。

1975 年，日本开始在九州半岛上的宫崎附近建造试验设施，从 1977 年至 1979 年，7 km 长的试验线分段投入使用。1979 年，低温超导的 ML500 型磁浮列车不载人运行速度达到 517 km/h，证明有可能将长定子直线同步电机驱动的磁浮系统用于高速有轨交通。

1980 年研制成的 MLU001 型磁浮列车，在新建的 U 形线路上进行了 9 年试验运行，总共进行了 9 000 次试验运行，累计行驶了约 40 000 km。

1987 年 3 月，日本新的电动悬浮系统试验车 MLU002 开始在宫崎试验线路上运行。该车长 22 m，重 17 t，可载 44 名乘客，设计速度为 420 km/h。1989 年，MLU002 型磁浮列车不载人试验速度达到了 494 km/h，但 1991 年该车在试验运行中发生了火灾事故被烧毁。日本随后又制造了 MLU002N 型磁浮车，在宫崎试验线进行试验。1994 年，MLU002N 型磁浮列车不载人运行最高速度达到了 431 km/h，载人运行最高速度达到了 411 km/h，1996 年 10 月，宫崎试验线关闭。

由于宫崎试验线没有坡道和隧道，不能满足接近应用条件的试验需要，因此日本运输省决定建设超导磁浮山梨试验线。1991 年，山梨试验线开始建设，1997 年 4 月投入试验运行。山梨试验线主要包括 18.4 km 长的试验线路、变电站、试验中心和两列磁浮车（分别为 MLX01 和 MLX02）。1997 年 12 月 24 日，三辆编组的 MLX01 型磁浮列车不载人试验运行速度达到 550 km/h，创下当时新的世界纪录。1999 年 4 月，5 辆编组的 MLX01 型磁浮车实现了 552 km/h 的载人运行速度。1999 年 12 月，日本山梨磁浮列车试验线进行了磁浮列车高速会车试验，创造了会车时相对速度为 1 003 km/h 的世界最高纪录，当时两车的速度分别为 546 km/h 和 457 km/h。

2002 年 6 月，新型试验车辆驶入车辆基地。新型车辆的最大特点是车头流线部分的长高比例显著增大，大大改善了列车头部的空气动力性能。

2003 年 12 月 2 日，日本 JR 磁浮试验最高速度达到 581 km/h，在 2015 年更创下了 603 km/h 的速度，创下有车厢车辆的陆地极速。日本研发的 JR 超导磁浮列车由东海旅客铁道（JR 东海）和铁道总合技术研究所（JR 总研）主导，首列实验列车 JR-Maglev MLX01 从 1970 年代开始研发，并且在山梨县建造了 5 节车厢的实验车和轨道。

（二）HSST 磁浮铁路系统

日本是世界上第一个拥有中低速磁浮技术的国家。

20 世纪 70 年代中期，为了开发一种联系机场和市区的速度快、噪声低、乘坐舒适的交通工具，日本航空公司开始组织专家对磁浮技术进行研究。1974 年 4 月，小型磁浮试验装置的浮起试验成功；1975 年，试制成电磁支承和导向的第一辆试验车 HSST-01，电磁浮和直线电机驱动的磁浮车运行试验取得了成功，借助火箭和直线电机驱动，试验车 HSST-01 在 11.6 km 长的试验线路上达到了 308 km/h 的试验速度。

1978 年，日本向公众展出了 HSST-02 号车，最高速度约为 100 km/h，共有 9 个座位。为了改善舒适性，在车厢和悬浮框架之间采用了二系弹簧悬挂系统。

为了向公众展示新的磁浮交通技术，并在接近应用的条件下试验新的磁浮交通技术最重要部分的功能，日本从 1983 年开始建造试验和展览车 HSST-03。该车于 1985 年在筑波国际工艺博览会上展出。试验和展览设施由一条 300 m 长的线路、一个进出站、一套供电设备和一个维修站组成。该车有 48 个座位，车速限制在 30 km/h。展览会期间，共有 60 万人次乘坐了磁浮车。1986 年，HSST-03 号车被送到温哥华国际博览会展出，速度达到 40 km/h。

1987 年，日本研制成 HSST-04 磁浮车，车重 24 t，长 19.4 m，可容纳约 70 名乘客，设计速度为 200 km/h。它与 HSST-03 一样，也采用了负荷支承、导向和驱动模块化技术，不同的是新车结构中，车辆走行模块从外侧包住线路。

1990 年，日本 HSST 磁浮铁路系统与德国磁浮铁路系统进行了比较和评估，得出 HSST 和 TR 接近实用的结论，并计划研制 HSST100S 型磁浮列车。

1991 年，日本在名古屋附近的大江，建成了一条新的面向应用试验的试验线。试验线总长 1 530 m，最小平曲线半径 100 m（主线）和 25 m（分支线）。从 1991 年开始到 1995 年，对 HSST100S 型磁浮车进行了 100 多项面向应用要求的试验，其最高运行速度可达 130 km/h。测试结果表明，HSST100S 型磁浮列车是成功的。1993 年 3 月，以东京大学技术系正田英介教授为主席，日本运输省、建设省和其他单位的专家学者组成的可行性研究委员会对试验结果进行了最后论证，考察了噪声、振动和磁场影响等。结论是 HSST 磁浮铁路系统是舒适的低污染系统，能够应付紧急情况，长期的运行试验证明它是可靠的，并且由于其悬浮的优点使得它的维修量降低。作为城市交通系统，HSST 磁浮铁路系统已进入实用阶段。

1995 年,在 HSST100S 型的基础上,日本又研制了一台新的样车,称为 HSST100L,其模块由 6 个增加到 10 个,长度由 8.5 m/辆增加到 14.4 m/辆,一些器件在 HSST100S 型试验结果的基础上进行了改进。HSST100L 是一列两辆编组的、商业运营车的样车,从 1995 年开始,在大江的试验线路上进行了运行试验。

从 2002 年开始,日本建造了一条长 8.9 km 名古屋市区通向爱知世博会会场的磁浮线路——HSST 型低速磁浮线,2005 年 3 月 6 日建成并运营,全程无人驾驶,最高速度为 100 km/h。

三、磁浮铁路在其他国家的发展状况

(一) 磁浮铁路在英国的发展

在英国,电磁浮系统是被英国铁路协会(BR)认同的,其目的是解决市内短程运输的问题。磁浮系统的研究是在关注经济和运输能力的要求下,考虑能量需求、可用度和安全性,以及噪声、辐射和乘坐舒适性之后进行的。

1974 年,英国在德比进行了磁浮列车运行试验,试验车长 3.5 m,重 3 t,线路长 100 m。

为了将新建的伯明翰机场终端与国际博览会展区及火车站连接起来,英国建造了一条 620 m 长的磁浮铁路线,该线路于 1984 年投入载客运行。这条线路是复线,轨道架在 6 m 高的钢结构线路上,来往运行 3 辆有电磁支承、导向系统和直线电机驱动的小型磁浮车,速度可达 50 km/h,磁浮车辆重约 5 t,具有铝焊接底架和玻璃纤维强化塑料制成的车厢结构。一辆车有 6 个座位和 26 个站位,电气设备均布置在车厢地板下面。

伯明翰磁浮铁路是第一个用在公共旅客运输上的磁浮铁路系统。1996 年,由于该铁路系统故障率高,维护困难,伯明翰磁浮铁路关闭。

(二) 磁浮铁路在苏联的发展

根据苏联交通专家的看法,到 21 世纪,苏联多数城市的直径都将达到 100 km,包括郊区将扩大到 150 km。为了减少乘客在大城市交通中浪费的时间,必须明显地提高当时 30 km/h 的中等旅行速度。除了要有较高的速度外,新的交通系统应该是污染少、经济性好、投资少和运量大。此外交通规划还应包括近郊机场、工业区和疗养区。

大约从 20 世纪 70 年代中期,苏联就已经从理论和实践方面研究了电磁浮和永磁浮技术。由于机动车辆的废气造成严重的环境负担,20 世纪 80 年代初开始在阿拉木图城区制订磁浮铁路设计方案。研究表明,磁浮铁路相对地铁来说,建造费用较低,但是当时苏联在悬浮和导向技术方面还存在问题,发展计划未能实现。

20 世纪 80 年代,在莫斯科附近的拉绵斯卡娅的磁浮铁路试验设施中,一辆重 18 t 的磁浮车在一条 600 m 长的试验线上进行了试验运行。随着苏联的解体,未有面向应

用的磁浮铁路的后续研究和开发。

（三）磁浮铁路在美国的发展

美国从 20 世纪 60 年代初开始磁浮铁路的研究，1975 年停止研究。1989 年起又重新开始评估磁浮列车的实用价值，由铁道总署、陆军工兵总部、能源部牵头，数家公司和大学参加，历时 4 年，定出 4 个磁浮车设计速度均为 500 km/h 的方案，其中 3 个方案为电动型。美国还对大城市间的 16 条线进行了技术经济评估，认为只有纽约—波士顿线能在短期内回收投资并实现盈利。也曾有计划在佛罗里达州修建第一条由德国制造的磁浮铁路线；在宾夕法尼亚州建造 30 km 的磁浮铁路，但这些计划均未实现。

美国政府在 1998 年预算投入 10 亿美元用于规划和建造一条磁浮铁路，由美国联邦铁路部门支持，寄希望于德国 TR 技术的推广应用。经过前期研究，从最初的 7 条线路选出两条线路进入法定的规划程序。这两条线是：巴尔的摩—华盛顿特区和匹兹堡机场—匹兹堡绿堡。2010 年，华盛顿杜勒斯机场磁浮主航站楼完工，随后磁浮列车投入使用。

另外一些非联邦政府资助，由地方及公司开发的项目也在积极开展，如 American Maglev Technology 公司在多米尼大学建设校园载客系统，正建造试验线和试验车。美国 Magplane（磁浮飞机）技术公司正开展磁浮飞机的开发，目前正在进行样车、试验线设计。佛罗里达磁浮 2000 公司也在研发高速超导磁浮技术，采用超导磁体电动悬浮，直线同步电机驱动，速度 480 km/h，并已完成概念设计、经济分析，正进行部件研制。General Atomics 公司则研究开发城市磁浮计划，采用永磁电动式悬浮，直线同步电机驱动，正进入 1∶1 系统试验阶段。

美国麻省理工学院（MIT）从 20 世纪 70 年代开始 Magplane 概念的研究，在国家科学基金资助下，完成了一个 1/25 的试验模型，在 100 m 的试验轨道上进行过 5 代车的数百次试验，建立了全尺寸的 6 维仿真模型，对列车的各种性能进了仿真。

（四）磁浮铁路在加拿大的发展

考虑到燃料的短缺和昂贵，以及因此而需要限制私家汽车的情况，加拿大交通规划者认识到，未来数年内铁路运输将显著增长，采用轮轨系统已经不能满足要求。这种认识促使加拿大在电动悬浮技术领域内进行研究和开发工作。有关研究于 1972 年在金士顿大学开展起来。

最初，加拿大研究了电动支承、导向和驱动技术的基本性能和电动悬浮车辆的动力学问题。20 世纪 70 年代末期，建造了旋转试验台，用来对电动悬浮系统和无铁心长定子直线同步电机进行试验。理论和试验研究促成了在电动悬浮技术领域内制定研制接近应用的磁浮车的规划，但后来未见研制接近实用的样车和试验线路。

（五）磁浮铁路在法国的发展

法国交通部和德国联邦研究与技术部的合作协定条款中，规定法国和德国的铁路管理部门、公司和研究所要从事磁浮技术的合作开发工作。法国曾研究过一种用于城市交通的磁浮铁路方案。它的特点是：采用电磁式的支承、导向系统和所谓的 U 形线性电动机驱动，用于市郊运输，车速可达 150 km/h。1983 年至 1984 年间，在 Grenoble 附近，通过旋转的直线电机试验台，对直线感应电机进行了试验，速度可达 300 km/h。20 世纪 80 年代中期以来，法国没有进行过有组织、有影响的磁浮铁路技术研究。

（六）磁浮铁路在韩国的发展

韩国是世界上第三个拥有中低速磁浮技术的国家。韩国磁浮的发展过程经历了独立研发（1985—1993 年）、对外合作（1994—1998 年）和商业化尝试（1999 年至今）3 个阶段。

韩国于 1988 年至 1994 年进行过低速常导磁浮铁路的研究，曾于大田科技展览会展出一辆磁浮车和一段长度约 500 m 的线路，磁浮车试验运行速度达到 60 km/h。韩国磁浮车的结构和尺寸都与日本的 HSST100 型磁浮车相近。韩国还对首尔至釜山的高速交通选用轮轨和磁浮技术进行过经济技术论证，最后决定引进法国的 TGV 高速铁路。

2014 年 7 月，韩国仁川国际机场至仁川龙游站磁浮线路投入运营，全长 6.1 km，列车由韩国自主研发，无人驾驶，最高速度可达 110 km/h。

（七）磁浮铁路在瑞士的发展

瑞士在 20 世纪 70 年代提出瑞士地铁的概念。瑞士地铁是一地下管道旅客运输系统，在管道内可减小空气压力，高速高频地连接瑞士主要城市和地区。车辆采用磁浮系统，由同步直线电机驱动，速度达到 500 km/h。在 1989 年至 1993 年，瑞士进行了技术和经济初步可行性研究，20 世纪 90 年代得到瑞士政府和工业界的支持，主要研究由瑞士联邦工学院（洛桑）和 90 家私人公司进行，目前正进行实验室研究和进一步论证，并计划在 2020 年建成首条瑞士地铁线。

第六节 磁浮轴承

在磁浮领域中，磁浮轴承的应用非常广泛。磁浮轴承也称为电磁轴承或磁力轴承。它是利用磁场力将转轴悬浮在磁场中，使转轴在空间无机械接触、无磨损地旋转的一种新型高性能轴承。由于不存在机械接触，转子可在超临界转速（每分钟数十万转）的工况下运行并且可以降低能耗和噪声，具有无须润滑、无油污染、寿命长以及适用于许多应用环境等优点，因而具有一般传统轴承和支承技术所无法比拟的优越性。近年来，国内外对其研究都非常重视。有关磁浮轴承的介绍在此不再赘述，可参见相关资料。

复习思考题

1. 根据列车最高运行速度的不同，铁路可以分为哪些类型？
2. 磁浮铁路按应用范围划分，可以划分为哪些类型？
3. 磁浮铁路按运行速度划分，可以划分为哪些类型？
4. 磁浮铁路按制冷剂及工作温度划分，可以划分为哪些类型？
5. 磁浮铁路按导体材料划分，可以划分为哪些类型？
6. 磁浮铁路按直线电机定子长度、直流电机磁场是否同步运行、驱动方式、导轨结构形式、悬浮方式等，可以划分为哪些类型？
7. 简要介绍磁浮列车的工作原理。
8. 磁浮列车是如何进行分类的？
9. 简要介绍国外磁浮交通技术应用发展概况。

第二章　直线电机

本章主要介绍直线电机的基本结构、基本原理、分类及标准。

第一节　直线电机的基本结构

图 2-1 分别表示了一台旋转电机和一台直线电机。

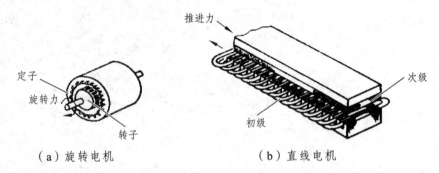

（a）旋转电机　　　　　　（b）直线电机

图 2-1　旋转电机和直线电机示意图

直线电机可以认为是旋转电机在结构方面的一种演变，它可看作将一台旋转电机沿径向剖开，然后将电机的圆周展成直线，如图 2-2 所示。这样就得到了由旋转电机演变而来的最原始的直线电机。由定子演变而来的一侧称为初级，由转子演变而来的一侧称为次级。

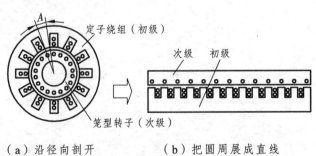

（a）沿径向剖开　　　　　（b）把圆周展成直线

图 2-2　由旋转电机演变为直线电机的过程

图 2-2 中演变而来的直线电机,其初级和次级长度是相等的,由于在运行时初级和次级之间要做相对运动,如果在运动开始时,初级与次级正巧对齐,那么在运动中,初级与次级之间互相耦合的部分越来越少,而不能正常运动。为了保证在所需的行程范围内,初级与次级之间的耦合能保持不变,因此实际应用时,是将初级与次级制造成不同的长度。在制造直线电机时,既可以是初级短、次级长,也可以是初级长、次级短。前者称为短初级长次级,后者称为长初级短次级。但是由于短初级在制造成本上、运行费用上均比短次级低得多,因此,目前除特殊场合外,一般均采用短初级、长次级,如图 2-3 所示。

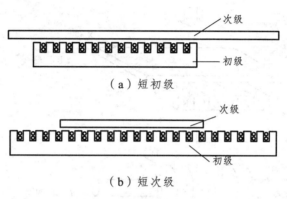

（a）短初级

（b）短次级

图 2-3 单边型直线电机

图 2-3 所示的直线电机仅在一边安放初级,这种结构形式称为单边型直线电机。该结构的电机,一个最大的特点是在初级与次级之间存在一个很大的法向吸力,一般这个法向吸力在钢次级时约为推力的 10 倍,在大多数场合下,这种法向吸力是不希望存在的。如果在次级的两边都装上初级,那么这个法向吸力可以相互抵消,这种结构形式称为双边型,如图 2-4 所示。

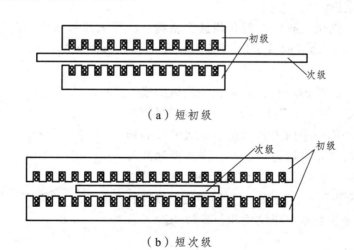

（a）短初级

（b）短次级

图 2-4 双边型直线电机

上述介绍的直线电机称为扁平型直线电机，是目前应用最广泛的直线电机。除了上述扁平型直线电机的结构形式外，直线电机还可以做成圆筒型（也称管型）结构，它也可以看作是由旋转电机演变过来的，其演变过程如图 2-5 所示。

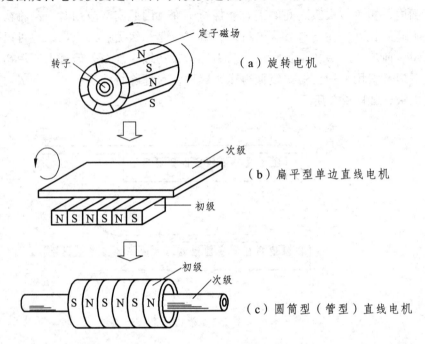

图 2-5　旋转电机演变为圆筒型直线电机的过程

图 2-5（a）表示一台旋转电机以及由定子绕组所构成的磁场极性分布情况。图 2-5（b）表示转变为扁平型直线电机后，初级绕组所构成的磁场极性分布情况。然后将扁平型直线电机沿着与直线运动相垂直的方向卷接成筒形，这样就构成图 2-5（c）所示的圆筒型直线电机。

此外，直线电机还有圆弧型和圆盘型结构。所谓圆弧型结构，就是将平板形直线电机的初级沿运动方向改成圆弧形，并放于圆柱形次级的柱面外侧，如图 2-6 所示。

图 2-7 是圆盘型直线电机，该电机把次级做成一片圆盘（铜或铝，或铜、铝与铁复合），将初级放在次级圆盘靠近外缘的平面上。圆盘型直线电机的初级可以是双面的，也可以是单面的。圆弧型和圆盘型直线电机的运动实际上是一个圆周运动，如图 2-6 和图 2-7 中的箭头所示，然而由于它们的运动原理和设计方法与扁平型直线电机结构相似，故仍归入直线电机的范畴。

图 2-6　圆弧型直线电动机

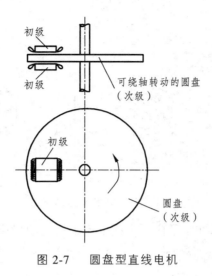

初级

初级

可绕轴转动的圆盘
（次级）

初级

圆盘
（次级）

图 2-7　圆盘型直线电机

第二节　直线电机的工作原理

直线电机不仅在结构上相当于是从旋转电机演变而来的，而且其工作原理也与旋转电机相似。从电机学的一些基本工作原理出发，引申出直线电机的基本工作原理。

一、旋转电机的基本工作原理

图 2-8 表示一台简单的两级旋转电机。图中线圈 AX、BY、CZ 为定子 A、B、C 的三相绕组。当在其中通入三相对称正弦电流后，便在气隙中产生了一个磁场，这个磁场可看成沿气隙圆周呈正弦分布。当 A 相电流达到最大值时，B 和 C 相电流都为负的最大值的 1/2，这时磁场波幅处于 A 相绕组轴线上，如图 2-8（a）所示。经过 $t = 2\pi/(3\omega)$ 时间（其中 ω 为电流的角频率）后，B 相电流达到最大值，这时 C 和 A 相都为负的最大值的 1/2，而磁场波幅转到 B 相绕组轴线上，如图 2-8（b）所示。经过 $t = 4\pi/(3\omega)$ 时间后，C 相电流达到最大值，A 和 B 电流都为负的最大值的 1/2，磁场波幅又转到 C 相绕组轴线上，如图 2-8（c）所示。由此可见，电流随时间变化，磁场波幅就按 A、B、C 相序沿圆周旋转。电流变化一个周期，磁场转过一对极。这种磁场称为旋转磁场，它的旋转速度称为同步转速，用 n_s（r/min）表示，它与电流的频率 f（Hz）成正比，而与电机的极对数 p 成反比，如下式所示：

$$n_s = 60f/p$$

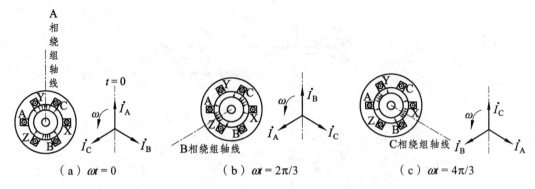

（a）$\omega t = 0$　　　　　　（b）$\omega t = 2\pi/3$　　　　　　（c）$\omega t = 4\pi/3$

图 2-8　旋转电机的旋转磁场

如果用 v_s（m/s）表示在定子内圆表面上磁场运动的线速度，则有

$$v_s = 2p\tau n_s/60 = 2\tau f$$

式中　τ——极距（m）。

通过图 2-9 可说明旋转磁场对转子的作用，为了简单起见，图中笼型转子只画出了两根导条。

当气隙中旋转磁场以 n_s 同步速度旋转时，该磁场就会切割转子导条，而在其中感应出电动势。电动势的方向可按右手定则确定，示于图中转子导条上。由于转子导条是通过端环短接的，因此在感应电动势的作用下，便在转子导条中产生电流。当不考虑电动势和电流的相位差时，电流的方向即为电动势的方向。这个转子电流与气隙磁场相互作用便产生切向电磁力 F。电磁力的方向可按左手定则确定。由于转子是圆柱体，故转子上每根导条的切向电磁力乘上转子半径，全部加起

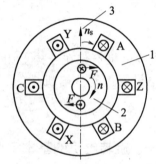

1—定子；2—转子；3—磁场方向。

图 2-9　旋转电机的基本工作原理图

来即为促使转子旋转的电磁转矩。由此可以看出，转子旋转的方向与旋转磁场的转向是一致的。转子的转速用 n 表示。在电动机运动状态下，转子转速 n 总要比同步转速 n_s 低一些，因为一旦 $n = n_s$，转子就和旋转磁场相对静止，转子导条不切割磁场，于是感应电动势为零，不能产生电流和电磁转矩。转子转速 n 与同步转速 n_s 的差值经常用转差率 s 来表示，即

$$s = \frac{n_s - n}{n_s}$$

$$n_s - n = sn_s$$

$$n = (1-s)n_s$$

以上就是一般旋转电机的基本工作原理。

二、直线电机的基本工作原理

将图 2-9 所示的旋转电机在顶上沿径向剖开，并将圆周拉直，变成了图 2-10 所示的直线电机。在这台直线电机的三相绕组中通入三相对称正弦电流后，也会产生气隙磁场。当不考虑由于铁心两端开断而引起纵向边端效应时，这个气隙磁场的分布情况与旋转电机的相似，即可看成沿展开的直线方向呈正弦分布。当三相电流随时间变化时，气隙磁场将按 A、B、C 相序沿直线移动。这个原理与旋转电机相似，两者的差异是：这个磁场是平移的，而不是旋转的，因此称为行波磁场。显然，行波磁场的移动速度与旋转磁场在定子内圆表面上的线速度是一样的，即 v_s（m/s），称之为同步速度，且 $v_s = 2p\tau n_s/60 = 2\tau f$。

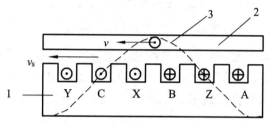

1—初级；2—次级；3—行波磁场。

图 2-10　直线电机的基本工作原理图

再来看行波磁场对次级的作用。假定次级为栅形次级，图 2-10 中仅画出其中的一根导条。次级导条在行波磁场切割下，将产生感应电动势并产生电流。而所有导条的电流和气隙磁场相互作用便产生电磁推力。在这个电磁推力的作用下，如果初级是固定不动的，那么次级就顺着行波磁场运动的方向做直线运动。若次级移动的速度用 v 表示，转差率用 s 表示，则有

$$s = \frac{v_s - v}{v_s}$$

$$v_s - v = sv_s$$

$$v = (1-s)v_s$$

在电动机运动状态下，s 在 0 与 1 之间。上述就是直线电机的基本工作原理。

应该指出，直线电机的次级大多数采用整块金属板或复合金属板，因此并不存在明显的导条。但在分析时，不妨把整块看成是无限多的导条并列安置，这样仍可以应用上述原理进行讨论。在图 2-11 中，分别画出了假想导条中的感应电流及金属板内电流的分布，图中 l_δ 为初级铁心的叠片厚度，c 为次级在 l_δ 长度方向伸出初级铁心的宽度，它用来作为次级感应电流的断部通路，c 的大小将影响次级的电阻。

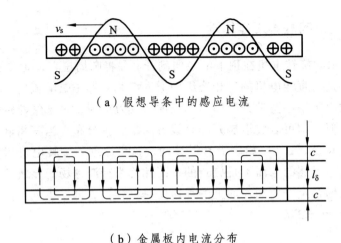

（a）假想导条中的感应电流

（b）金属板内电流分布

图 2-11　次级导体板中的电流

我们知道，旋转电机通过对换任意两相的电源线，可以实现反向旋转。这是因为三相绕组的相序相反了，旋转磁场的转向也随之反了。同样，直线电机对换任意两相的电源线后，运动方向也会反过来，根据这一原理，可使直线电机做往复直线运动。

第三节　直线电机的分类

直线电机的分类在不同的场合下有不同的分类形式。例如，在考虑外形结构时，往往以结构形式进行分类；当考虑其功能用途时，则又以其功能用途进行分类；而在分析或阐述电机的性能或机理时，则是以其工作原理进行分类。

一、按结构形式分类

直线电机按其结构形式可分为扁平型、圆筒型（或管型）、圆盘型和圆弧型四种。此外，还有一些特殊结构。

所谓扁平型直线电机，顾名思义，即为一种扁平的矩形结构的直线电机，它有单边型和双边型之分。每种形式下又分别有短初级长次级或长初级短次级。

所谓圆筒型直线电机，即为一种外形如旋转电机的圆柱形的直线电机。这种直线电机一般均为短初级长次级形式，在需要的场合，还将这种电机做成既有旋转运动又有直线运动的旋转直线电机，旋转直线的运动体既可以是初级，也可以是次级。

所谓圆盘型直线电机，即该电机的次级是一个圆盘，不同形式的初级驱动圆盘次级做圆周运动。其初级可以是单边型，也可以是双边型。直线圆盘电机虽然也做旋转运动，但它与普通旋转电机相比，具有如下一些优点：

（1）力矩与旋转速度可以通过多台初级组合的方式或通过初级在圆盘上的径向位置来调节。

（2）无须通过齿轮减速箱就能得到较低的转速，因而电机噪声和振动很小。

所谓圆弧型电机，它的运动形式是旋转运动，且与普通旋转电机非常接近，然而它与旋转电机相比也是具有如圆盘型直线电机的优点。圆弧型与圆盘型的主要区别，在于次级的形式和初级对次级的驱动点有所不同。

按以上结构形式分类的直线电机的相互关系可用图 2-12 所示的形式表示。

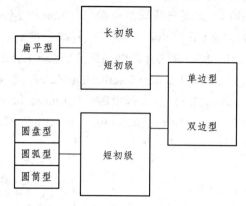

图 2-12 直线电机的结构类型

二、按功能用途分类

直线电机，特别是直线感应电动机，按其功能用途可分为力电机、功电机和能电机。

1. 力电机

力电机是指单位输入功率所能产生的推力，或单位体积所能产生的推力，主要用于在静止物体上或低速的设备上施加一定的推力的直线电机。它以短时运行、低速运行为主，如阀门的开闭、门窗的移动、机械手的操作、推车等。这种电机效率较低，甚至为零（如对静止物体上施加推力时，效率为零），因此，对这类电机不能用效率这个指标去衡量它，而是用推力与功率的比来衡量，即在一定的电磁推力下，其输入的功率越小，则说明其性能越好。

2. 功电机

功电机主要作为长期连续运行的直线电机，它的性能衡量指标与旋转电机基本一样，即可用效率、功率因数等指标来衡量其电机性能的优劣，如高速磁浮列车的直线电机、各种高速运行的输送线等。

3. 能电机

能电机是指运动构件在短时间内所能产生的极高能量的驱动电机，它主要是在短时间、短距离内提供巨大的直线运动能，如导弹和鱼雷的发射、飞机的起飞以及冲击、碰撞等试验机的驱动等。这类直线电机的主要性能指标是能效率（能效率＝输出的功能/电源所提供的电能）。

三、按工作原理分类

从原理上讲，每种旋转电机都有与之相对应的直线电机，然而从使用角度来看，直线电机得到了更广泛的应用。直线电机按其工作原理可分为两个大的方面，即直线电动机和直线驱动器。直线电动机包括交流直线感应电动机（Linear Induction Motors，LIM）、交流直线同步电动机（Linear Synchronous Motors，LSM）、直线直流电动机（Linear DC Motors，LDM）、直线步进（脉冲）电动机［Linear Stepper（Pulse）Motors，LPM］和混合式直线电动机（Linear Hybrid Motors，LHM）等。直线驱动器包括直线振荡电动机（Linear Oscillating Motors，LOM）、直线电磁螺线管电动机（Linear Electric Solenoi，LES）、直线电磁泵（Linear Electromagnetic Pump，LEP）、直线超声波电动机（Linear Ultrasonic Motors，LUM）等。以上这些直线电机又可分成许多不同的种类。图 2-13 表示了直线电机的分类。

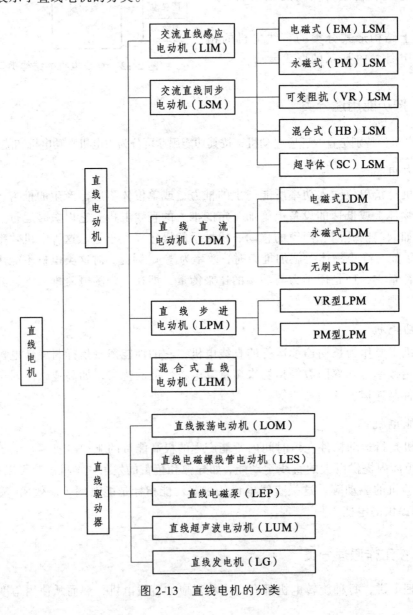

图 2-13　直线电机的分类

第四节 有关直线电机的标准

我国在直线电机方面有一个部颁的 JB/T 7823—2007《三相扁平型直线异步电动机》标准，有些企业制定了一些企业标准。例如，浙江大学直线电机与电器研究所与有关企业制定的《直线电机驱动的窗帘机》标准、《直线电机驱动的冲压机》标准等。编者曾参加过《三相扁平型直线异步电动机》标准的审定，现将该标准的主要内容做简单介绍。

《三相扁平型直线异步电动机》标准规定了单边扁平型结构的低速三相直线异步电动机的形式、基本参数、技术要求、试验方法、检测标准及标志、包装和保用期要求。

一、直线电机的基本形式及基本参数

1. 基本形式

该标准将直线电机的名称代号用"XY"表示，X 表示直线型，Y 表示异步。

直线电机的型号由名称代号、规格代号及次级结构代号组成，如下所示：

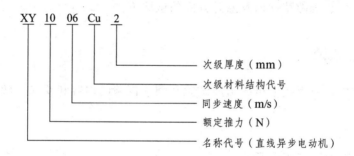

其中，次级材料结构有钢次级和复合次级，Fe 表示钢次级，复合次级中 Cu 表示铜复合次级，Al 表示铝复合次级。

2. 基本参数

该标准确定的基本参数主要有以下几点：

（1）额定频率为 50 Hz，额定电压为 380 V，初级绕组为 Y 连接。

（2）直线电机额定推力（转差率为 1 时）分别为 10，20，30，50，100，200，500，750，1 000，1 500，2 500，3 000，4 000，5 000，6 000，8 000 N

（3）直线电机额定同步速度为 3，4.5，6，9，12 m/s。

（4）直线电机的工作制为断续周期工作，其负载持续率分别为 15%，25%，40%，60%。

（5）直线电机的额定气隙分别为 2，3，4 mm。

另外，该标准对直线电机的平直度也做了规定，但对安装尺寸和外形尺寸则未做具体要求，可由厂家或用户自行确定。

二、技术要求

该标准对直线电机提出了如下一些技术要求：

（1）环境空气的温度和湿度要求；

（2）电源电压和频率与额定值的偏差规定；

（3）直线电机推力的容许误差；

（4）直线电机在不同级次结构下的功率因数保证值；

（5）直线电机的绝缘等级及应能承受的耐压值；

（6）直线电机三相电流的允许不平衡值；

（7）直线电机的表面要求及接线盒要求等。

三、试验方法

在该标准中，根据国家有关标准并结合直线电机的特点提出和规定了直线电机在推力、电压特性、气隙特性以及温升方面的试验方法。

四、检验规范

在该标准中，对直线电机的出厂试验和型式试验的内容和要求，做出了明确和较详细的规定。

五、标志、包装和保用期

该标准对直线电机出厂的标志、包装均提出了要求，对出厂的铭牌规定了如下必须具备的内容：

（1）制造厂名；

（2）直线电机名称和型号；

（3）额定推力、同步速度；

（4）额定电压、堵转电流、额定频率；

（5）绝缘等级；

（6）额定气隙；

（7）质量；

（8）制造年月和编号；

（9）标准编号。

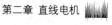

复习思考题

1. 何为单边型直线电机和双边型直线电机？
2. 简要总结直线电机的基本结构。
3. 简要总结直线电机的工作原理。
4. 总结直线电机按结构形式不同的分类方法。
5. 总结直线电机按功能用途不同的分类方法。
6. 总结直线电机按工作原理不同的分类方法。
7. 简要叙述直线电机的基本形式。
8. 简要叙述直线电机型号 XY 10 06 Cu 2 的含义。
9. 简要叙述直线电机的基本参数。

第三章　日本超导超高速磁浮铁路技术

从本章开始，将逐项介绍目前比较成熟的几种磁浮铁路技术。德国常导超高速磁浮铁路（TR）技术将在第四章进行介绍，日本的高速地面运输系统（HSST）技术（实际为中低速磁浮铁路技术）将在第六章进行介绍，我国磁浮铁路的研究、发展及有关技术将在第五、七章进行介绍。

本章主要介绍日本超导超高速磁浮铁路（ML）技术。本章先介绍日本磁浮铁路技术的基本原理和发展过程，之后主要介绍日本山梨磁浮铁路试验线的关键技术、相应设备及在山梨试验线所进行的主要试验和试验结果评价。

第一节　日本磁浮铁路技术的发展过程

日本对磁浮铁路的研究开始于 1962 年。日本磁浮铁路技术发展经过 4 个发展阶段。

一、起步阶段

日本在世界上第一条高速铁路——东海道新干线开通的前两年（1962 年）就开始进行了磁浮铁路的开发研究。当时经过广泛深入的研究，决定采用超导磁斥式悬浮系统。之后经过十年的努力，于 1972 年在庆祝日本第一条铁路建成 100 周年之际，第一辆由日本国铁开发研制的电动磁浮原理车 ML100 向公众展示。该车在 480 m 的试验线上实现了 60 km/h 的悬浮速度。接着日本又研制和试验了 LSM200、ML100A 试验车。

二、宫崎试验线（倒"T"形导轨、地面悬浮方式）

1975 年，日本开始在九州半岛上修建宫崎试验线。1977—1999 年，全长 7 km 的试验线分段投入使用。试验线全部采用高架结构，线路横断面采用"⊥"形导轨形式，最小曲线半径 10 000 m，大部分为平直地段。

1977 年 7 月，日本开始对 ML500 试验车进行试验。1979 年 5 月还专门在 ML500R

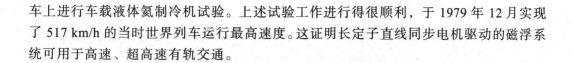

车上进行车载液体氦制冷机试验。上述试验工作进行得很顺利，于 1979 年 12 月实现了 517 km/h 的当时世界列车运行最高速度。这证明长定子直线同步电机驱动的磁浮系统可用于高速、超高速有轨交通。

三、"U"形导轨、地面悬浮方式

日本在已取得研究成果的基础上，为使磁浮铁路向更实用化的阶段迈进，从 1980 年起，将线路的基本形状由原先的"⊥"形断面改进成"U"形断面，但仍为地面悬浮方式。

1980 年，新开发的箱形试验车 MLU001 开始进行行走试验。1987 年，两辆编组的磁浮列车的载人试验速度达到 400.8 km/h。MLU001 在新建的"U"形线路上进行了 9 年的试验运行，总共进行了 9 000 次试验运行，累计行驶约 40 000 km。

1987 年，日本新的电动悬浮系统试验车 MLU002 开始在宫崎试验线路上运行。该车长 22 m，重 17 t，可载 44 人，设计车速 420 km/h。1989 年，MLU002 型磁浮车不载人试验速度达到 394 km/h。

1989 年，MLU002 磁浮车在运行试验中发生火灾事故被烧毁。日本随后又制造了 MLU002N 型磁浮车，1993 年 1 月开始在宫崎试验线进行试验，并于 1994 年 2 月达到 431 km/h 的试验速度，载人运行最高速度达到 411 km/h。1996 年 10 月，宫崎试验线关闭。

四、山梨试验线（"U"形导轨、侧壁悬浮方式）

由于宫崎试验线没有坡道和隧道，曲线地段也不多，不能满足接近应用条件的试验需要，因此日本运输省决定建设山梨磁浮试验线。山梨试验线目前包括 18.4 km 长的试验线路、变电站、实验中心和两列试验车辆。

1990 年 11 月，日本开始修建山梨试验线；1991 年 6 月开始进行侧壁悬浮方式的走行试验；1995 年开发出山梨试验线车辆 MLX01；1996 年超导磁浮山梨试验中心建成；1997 年 4 月 3 号进行 3 辆 MLX01 编组的试验；1997 年 12 月 24 日不载人试验速度达 500 km/h，创下了新的世界纪录；1999 年 4 月，5 辆编组的 MLX-01 型车的载人试验速度达 552 km/h，这是当时最高的试验速度；1999 年 12 月进行磁浮双向列车试验，创造了会车相对速度超过 1 003 km/h 的最高世界纪录，当时两车运行速度分别为 546 km/h 和 457 km/h。

2002 年 6 月，新型试验车辆驶入车辆基地。新型车辆的最大特点是车头流线部分的长高比例显著增大，大大改善了列车头部的空气动力性能。

五、试验研究的特点

日本磁浮铁路在试验研究方面有以下几个特点：

1. 坚持不懈

日本的高速铁路 40 年来在世界范围内一直处于领先水平。其原因是在于持续不断地进行研究和开发，40 年来没有出现过大起大落的现象。

2. 勇于创新

日本的高速铁路是在不断创新中发展起来的，日本的磁浮铁路技术也是在不断创新中发展起来的。在一种形式的导轨车辆系统达到理想的试验结果之前，就已开始新的更好形式的导轨车辆系统的研究。由"⊥"形导轨改成"U"形导轨，由底面悬浮方式改为侧壁悬浮方式，每次创新都使得技术更为先进、实用。

3. 重视试验

在进行新型导轨、车辆系统的试验研究前，一般先修建相应的试验线，在试验线上验证、发现问题，再进行改进。由室内试验到宫崎试验线再到山梨试验线，在不同的试验场地验证了磁浮铁路相应的理论和技术，同时又发现了许多新问题，这些新问题再在下一次试验或新的试验线上进行试验并研究解决。

4. 确保安全

新型系统一般先进行无载人试验，再进行载人试验。这就保证了试验人员的人身安全，同时可以使新技术达到实用化程度。

这些特点对于我国高速铁路的研究和建设具有直接的参考作用。

第二节　山梨试验线概况

磁浮铁路在 1987 年是个热门话题。山梨省预见到位于甲府附近的新试验线如果成功，将来会作为中央新干线的一部分使用，因此新设立了"磁浮铁路推进局"，开展试验线的申请活动。1991 年甚至为还在设想阶段的"甲府磁浮列车站"的战前广场以及相关道路、基础设施的建设设立了 1 000 亿日元（1 日元约 0.06 元人民币）的基金。

现在的"境川村—八千代町—御坂町—大月市—都留市—秋山村"路线在被选择作为试验线路之前，候选路线还有"大月—河口湖—甲府"南部路线、"大月—盛沼—甲府"南部路线、"大月—盛沼—甲府"北部路线等。最后，因为目前的线路满足运输省的选择标准故被选用。

一、新试验线拟建总长 42.8 km

山梨试验线位于日本首都东京西偏南方向的山梨县。试验线总长 42.8 km，其中中间部分为 12.8 km 的复线区间。复线区间由地面段和隧道段构成，进行列车会车、加速、制动等试验。复线区间的两端设有高速道岔、两个变电站及车站，此外还设有车辆基地用的低速道岔。试验线的 80% 为隧道（共 13 座），其中有 40‰ 的大坡度段、半径为 8 000 m 的全线最小半径的曲线段以及高架桥段等。隧道断面与现在的新干线相比约大 30%，有的高速路段竟达 7.7 m，总体上都是大断面。这是为了缓解车辆超高速通过隧道时产生的空气动力效应。

山梨试验线的导轨为 "U" 字形，导轨的功能与通常的铁路轨道一样。导轨支承车辆的质量（支承功能），防止车辆横向滑动及水平方向摆动（导向功能），提供列车前进及制动时的纵向力（驱动功能）。在 "U" 字形导轨的垂直部分（两侧）设置有驱动绕组、悬浮绕组及导向绕组，这些绕组与装在车辆连接处的超导磁铁之间产生引力和斥力，因此列车可以沿着导轨悬浮行驶。

导轨除 "U" 字形之外，还有车体跨在轨道之上的跨座形、双 "L" 形及箱体导轨。JR 滨松町—羽田机场间的单轨铁路就是跨座形。全长 7 km 的宫崎试验线开始选用了跨座形，但由于车辆的横断面面积小，乘客座位减少，不适合大量运输的要求。因此，在 1979 年 11 月之后的运行试验中，改为座位空间大的 "U" 字形导轨。与宫崎试验线（单线）约 3 万个导轨绕组相比，全长 42.8 km 的山梨试验线共使用了 19 万个驱动、悬浮及导向绕组，平均每千米 4 400 个。那么 500 km 长的中央新干线权限按复线计算，需要设置 440 万个地上绕组。因为绕组可实现批量生产，今后不但造价会降低，而且因不需要架线铺轨，因此超导磁浮铁路的地上设备费用与通常的铁路不会有很大区别。

二、18.4 km 的先行区间

1997 年秋，山梨试验线 18.4 km 长的先行区间（复线）基本完工，加上第一、第二编组的试验车辆费，共耗资 2 000 亿日元。先行区间以山梨省大月市为起点，隧道穿过 JR 中央线、中央高速公路南侧的山岭地带，到达终点都留市的地面区段。其中隧道区段长 16 km，地面区段长 2.4 km。

试验线的线间距为 5.8 m，限制坡度 40‰，最小曲线半径 8 000 m。试验线共有 3 座高架桥（包括桂川桥）及 14 座隧道。之所以隧道很多，是考虑到东京—大阪间的超导磁浮中央新干线计划穿越中部山岭地带及铃鹿山地，而且在东京、大阪、名古屋三大城市圈，预计路线将采用深埋地铁形式，因此，在隧道内最高速度 500 km/h 运行的相关技术开发是重要的研究课题。

山梨试验线的实用化以运输大臣批准的山梨试验线计划及技术开发基本计划为指针，属于国家级项目。主要承担者为 JR 东海、JR 综合技术研究所及铁路建设公司。1997 年 4 月，日本开始在此先行区间进行实用化试验，所用的主要建筑物及实验设备有：在都留市的地面区段设立的实验中心、变电站、车辆基地、列车运行道岔装置、试乘时的站台等。

三、侧壁悬浮形式

山梨试验线采用将地上的驱动绕组、悬浮绕组、导向绕组设置在导轨侧壁的侧壁悬浮形式。在宫崎试验线进行基础技术开发时，曾采用将悬浮绕组设置在导轨底部，驱动绕组和导向绕组设置在导轨侧壁的引导反推悬浮形式。当时的技术人员就认为，侧壁悬浮形式更利于超导磁浮列车稳定高效地行驶。因此，山梨试验线采用了侧壁悬浮形式。

这里简单介绍一下地上绕组的机制。驱动绕组为车辆电机的一部分，当三相交流电在驱动绕组中流动时给车辆产生驱动力，绕组的导体材料是铝线，导体外周由高压绝缘性能良好的环氧树脂覆盖。悬浮绕组和导向绕组的作用与通常的铁路轨道一样，为车辆提供浮力并防止车辆的横向摆动。导体使用铝线，卷成"8"字形，用掺有高强度玻璃纤维的聚酯树脂（Polyester Resin）覆盖。

第三节　基本原理

本节主要介绍日本超导磁浮铁路技术的基本原理，主要包括驱动原理、悬浮原理、导向原理及运行控制原理。

一、超导原理

磁浮铁路的核心驱动装置是直线电机，或称线性电机。根据直线电机绕组所用材料的不同，目前磁浮铁路划分为常导磁浮和超导磁浮两种类型。

德国 TR 系统和日本航空的 HSST 系统均使用常导磁浮技术。常导直线电机中由于绕组电阻的存在会产生大量的能量消耗，也会使绕组温度增加。

具有超导性质的材料在一定的温度之下出现电阻几乎为零的状态，称为超导状态。在超导状态下，由于超导材料的电阻为零，用它所制成的绕组一旦施加电流之后，其中的电流会永久地流动下去，由此可以得到数十倍永久磁铁的磁场强度。

根据工作温度的不同，目前超导磁浮铁路技术主要包括高温超导、低温超导两种类型。

高温超导一般使用液氮作为冷冻液，将绕组线圈保持在 – 196 ℃ 之下，使线圈绕组达到超导状态。2001 年 3 月在北京举办的"863 计划 15 周年成果展"上，我国西南交通大学展示的"世纪号"磁浮试验车即是采用的高温超导技术。

日本磁浮铁路 ML 系统使用低温超导技术。它用液氦作为冷冻液，让线圈绕组达到 – 269 ℃ 的温度时车载线圈绕组即进入超导状态。为了提高磁浮车辆上超导材料的稳定性，日本使用铌钛合金作为线圈绕组材料。

二、超导磁铁

日本超导磁浮列车上使用的超导绕组使用铌（Nb）钛（Ti）合金制造，在 – 269 ℃的温度下呈现超导状态。超导线圈放置在低温容器内，上部为液氦冷冻机，每个容器需要 100 L 液氦，每年液氦消耗量为百分之几。

一个超导磁铁共产生 4 个 N、S 极交叉排列的磁场极性（见图 3-1）。为了提高超导磁铁的热效率，还在绕组外面设置了防热辐射板，以防止外面的能量进入超导磁铁内。

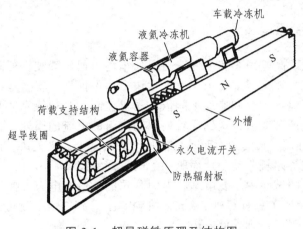

图 3-1　超导磁铁原理及结构图

三、驱动原理

常规的电力机车，受电弓从接触网接受电力，之后传送给设在转向架上的传统旋转电机，在电机动力的作用下车轮与轨道之间产生摩擦力进而驱动列车行驶，这也称为黏着牵引。

日本 ML 超导磁浮列车是通过安设在导轨及车辆两侧上的长定子直线电机驱动的。德国 TR 磁浮系统和日本航空的 HSST 磁浮系统的驱动力均设在车辆的底部。

为了节约能源，超高速磁浮铁路一般将地面上的若干推进绕组相互串联为一个个的分区（Section），各分区的地面绕组中一般情况下无电流通过，只在车辆通过该分区时绕组才接通电流。电流通过地面推进绕组（日本 ML 的推进绕组位于"U"形导轨的侧壁上）后，绕组逐级变成电磁铁（N 极和 S 极），即产生前述的地面直线移动磁场。

日本在每节车辆两端都安装有超导磁铁，超导磁铁产生超导磁场 N 极和 S 极。通过控制使得前方地面磁场与车辆超导磁场的极性相反而产生吸力，后面相邻地面磁场与车辆超导磁场产生的极性相同而产生排斥力，使得车辆向前运动。这与常规的旋转电机中转子与旋转磁场协同动作使转子旋转的原理是相同的，见图 3-2。

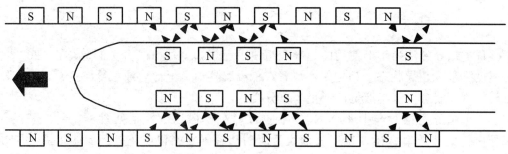

图 3-2 驱动原理图

四、速度控制原理

一般轮轨接触的高速列车和中低速磁浮列车均由司机驾驶，列车运行工况和速度均由司机控制。超高速磁浮列车由于速度太快，为保证列车安全地行驶，对车辆的加速、减速、停车等运行工况和速度不能依靠司机控制，必须依靠地面控制中心控制。地面控制中心通过调节变电站送到导轨处驱动绕组的电流的周期（相位）和大小（振幅），改变磁场的强弱，来实现对驱动力的控制。从这个意义上讲，超高速磁浮铁路又称为导轨驱动（或称路轨驱动、地面驱动）的磁浮铁路。

在宫崎试验线的试验中，变电站将电力公司的 60 Hz 电力转换为所需要的频率。1 Hz 的电力即可使列车每秒行驶 4.2 m；将频率上升到 33 Hz 就可达到 139 m/s 的速度，也就是说速度可以达到 500 km/h。

五、悬浮系统

磁浮铁路的最大优点是利用电磁悬浮、电动悬浮的原理将列车悬浮在导轨上方，从而消除了轮轨接触所引起的摩擦、振动等不利因素。这里主要介绍日本超高速磁浮列车的侧壁悬浮原理。

德国 TR 磁浮系统和日本航空的 HSST 系统的悬浮力均产生于车辆底部，日本超导磁浮系统的悬浮力来自车辆两侧。在导轨两侧的侧壁上，排列着一组组悬浮及导向绕组，当车辆高速通过时，车辆上的超导磁场会在导轨侧壁的悬浮绕组中产生感应电流和感应磁场。控制每组悬浮组上侧的磁场极性与车辆超导磁场的极性相反从而产生引力，下侧极性与超导磁场极性相同而产生斥力，使得车辆悬浮起来，见图 3-3。

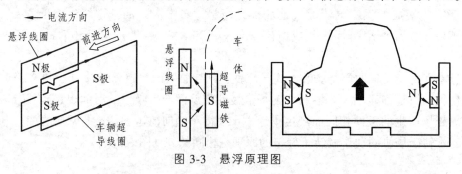

图 3-3 悬浮原理图

由于导轨产生的悬浮磁场为感应磁场，列车运行速度越高，则悬浮力越大。当列车运行速度低于 120 km/h 之后，所产生的悬浮力较小，不足以支承车辆悬浮。故当运行速度低于 120 km/h 时，日本的超导磁浮车辆依靠安装在转向架底部的车轮支承行驶，见图 3-4 中的支承车轮。当速度高于 120 km/h 时，车辆就自动悬浮起来。车辆以 500 km/h 的速度行驶时，其悬浮高度约为 10 cm。

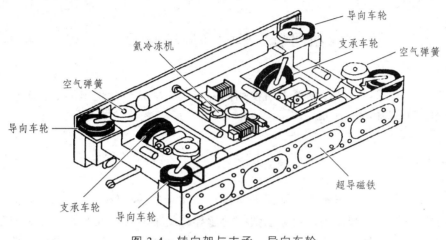

图 3-4 转向架与支承、导向车轮

六、导向原理

导向是指在横断面上保证车辆的中心不偏离轨道中心。传统的轮轨接触型铁路，列车的导向是通过轮缘与钢轨的相互作用实现的。

磁浮车辆在高速运行过程中必须保证与导轨不能有任何形式的接触，不仅在车辆地面不能接触，而且当遇到曲线等情况时也不能与侧壁接触。因此需要建立完善的导向机制。

日本的磁浮铁路在导轨侧壁安装有悬浮及导向绕组。如果车辆在平面上远离了导轨的中心位置，则系统会自动在导轨每侧的悬浮绕组中产生磁场，并且使得偏离侧的地面磁场与车体的超导磁场产生吸引力，靠近侧的地面磁场与车体磁场产生排斥力，从而保持车体不偏离导轨的中心位置，见图 3-5。

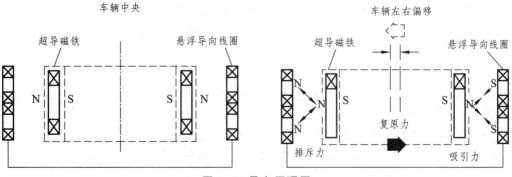

图 3-5 导向原理图

由于导轨产生的导向磁场也为感应磁场，所以列车运行速度越高，产生的导向力越大。日本的超导磁浮车辆当列车低速运行时，所产生的导向力较小，不足以使车辆自动导向，与前述的悬浮情况类似，此时依靠安装在转向架两侧的导向车轮（参考图3-4）完成导向功能。

第四节　车辆及列车编组

本节主要介绍在山梨试验线上所使用的列车及车辆，包括列车编组、车辆构造、车辆性能、车辆基地等方面内容。

一、车辆基地

车辆基地负责进行车辆的日常保养与检查、超导磁铁检修等工作。

由于液体氦的冷却作用，超导磁铁中的超导绕组平时在 $-269\ ℃$ 工作。但是液氦也会汽化在车辆基地，要将蒸发产生的气体氦进行回收，重新液化，发挥超低温基地的作用。

二、营业用的两组列车编组

日本超导磁浮铁路有两种形式：中央新干线的长大干线形式与新千岁机场—札幌间及计划中的大宫—成田机场间的短程往返形式。长大干线形式适用于大城市间的大容量高速运输，短程往返形式适用于运行距离 $50\sim70\ km$ 的范围，可用于大城市圈的外环铁路及市中心与机场的连接。

根据运输省超导磁浮铁路委员会在 1988 年 10 月的第一次聚会中提出的列车编组方案，在中央新干线上长距离运行的列车使用 14 辆编组、定员 950 人、运行间隔控制在 $5\sim6\ min$、设计客运能力为单程每小时 10 000 人。由于在新干线上轮轨方式的"回声号"及"光号"高速列车也要运行，考虑到各站停车的"回声号"的客运量与东京—名古屋—大阪间的直达列车"光号"相比乘客会减少，因此实际上客运量将为每小时 8 000 人左右。

与此相比，连接市中心与机场间的短程往返形式为六辆编组，定员 400 人左右，预计客运能力为每小时 1 200 人左右。$50\sim70\ km$ 区间需要时间为 $10\sim15\ min$，计划每小时 3 个往复运行。

中央新干线连接三大城市圈，旅客需求量大，因此为增加运输能力，全线采用复线。考虑到建设费用与经济效益，短程往返形式采用单线。

三、山梨试验线的列车编组

山梨试验线使用的试验列车分为第一编组（三辆编组）、第二编组（四辆编组）、第三编组（五辆编组）和新旧车辆混合编组。

1. 车辆编号

1995 年 7 月以后使用的磁浮车辆使用新的名称"MLX01"，编号用名称后的第一位数或两位数表示。位于车头的车辆用一位或三位数表示，位于中间的车辆用两位数表示。

2. 第一编组

第一编组列车由三节车组成。两个车头形状不同，甲府方向车头为双重尖点型（MLX01-01），东京方向车头为流线型（MLX01-02），中间车辆为标准车辆（MLX01-11），见图 3-6。

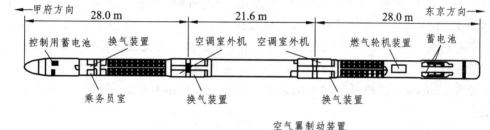

图 3-6　第一编组（三辆编组）列车

1996 年 12 月由维修车辆牵引开始运行试验，此试验为综合调试试验的一部分。综合试验项目包括试验线设备、安装状况的确定；地面设备及车辆性能的确定；导轨等地面构造物与车辆之间的间隙、车辆位置、速度检测功能的确认与调整，以及两种车头的动力性能试验。

"MLX01"型的转向架配置在车辆连接处，为减小空气阻力与空气噪声，依据风洞试验结果将甲府方向的车头设计成双重尖点（Double Cusp）形状，整体为三辆编组四转向架形式。试验时与流线型的特性进行了比较研究，认为双重尖点形状车辆的空气阻力系数与宫崎试验线的车辆 MLU002N 相比减少 45%。

3. 第二编组

第二编组由四辆组成，两端车头分别为 MLX01-03 和 MLX01-04，中间车辆为标

准中间车辆（MLX01-12）和新生产的加长中间车辆（MLX01-21）混合编组。

新车 1995 年开始制造，1998 年春以后在山梨试验线导轨上进行与第一编组车辆同样的车轮走行试验与悬浮走行试验。同时，还在第二编组列车上开展了感应发电的试验。

4. 新编组

2002 年 6 月新的试验车辆驶入车辆基地后，使用新的列车编组并开始试验。甲府方向的车头为流线型更好的新车（MLX01-901），东京方向车头为选线的 MLX01-04，中间车辆为加长车辆（MLX01-22）。

5. 有关试验

1999 年 4 月，5 辆编组（第三编组）的试验列车的载人试验速度达到 552 km/h，创造了当时列车运行试验的最高纪录。

导轨地面绕组的加压试验也同时进行。此时无须进行实车行驶，利用模拟器模拟车辆的行驶状态进行加压、调整变电器及运行控制系统等。此次综合试验一直持续到 1997 年 3 月，从 4 月开始进入实用化试验。历时三年的实用化试验，最初实施低速车轮行驶，试验人员也要乘车工作。第二年，进入最高速度达 500 km/h 的高速悬浮行驶阶段，同时也进行了会车试验。JR 东海认为，18 km 长的试验线比较短，虽然速度 550 km/h 时的可行驶时间仅有 1 min 左右，但对于实用化的技术试验没有问题。

四、转向架

新的磁浮列车在车辆的连接部设置"连接转向架形式"。日本新干线的试验车辆曾采用过此连接形式，并用于小田急电铁的豪华型车辆。与普通转向架相比，这种"连接转向架形式"有两个好处：首先是常超导磁铁设置在远离座位的连接部，遮断可能会对人体产生有害影响的磁场；其次，与通常的新干线相比，这种形式可以降低座席的高度，这种"低置构造"可减少空气阻力。因此，山梨试验线采用了这种新型车型。转向架的位置见图 3-7。

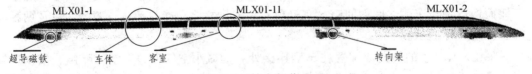

图 3-7　转向架位置图

安装在车辆连接的转向架，具有将超导磁铁产生的驱动力与悬浮力传递到车体、保障旅客安全、减少振动（即缓冲）的功能。其构造图见图 3-8。

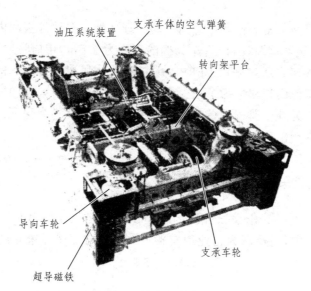

图 3-8 转向架结构图

　　转向架上还安装有供低速行驶用的支承轮和导向轮。在进入高速悬浮行驶之前的低速行驶阶段，使用飞机采用的高性能轮胎（支承轮和导向轮）在导轨内滑行，当速度超过 120 km/h 后，超导磁铁与地面绕组之间通过电磁感应产生悬浮力和导向力，列车开始进入悬浮无接触行驶状态。

五、车轮及轮胎

　　车辆低速行驶时使用车轮行驶和导向，轮上的高性能轮胎由高强度、高耐热的橡胶制成，以层层叠加的方式增加各部分的强度。列车出现异常时，从速度 550 km/h 的悬浮行驶状态紧急着地，进入停车或地上行驶状态，轮胎的性能能够满足需求。重达 300 t 的大型飞机使用橡胶离地起飞或着地滑行，安全上并没有问题。磁浮列车的轮胎承受的荷载比飞机起落架低得多，因此长大的磁浮列车在进入悬浮行驶之前或降落到导轨之后也可以像飞机一样利用轮胎安全行驶。

六、车　辆

　　甲府方向车头（MLX01-01）长 28 m，车体最大宽度 2.9 m，转向架部分的最大宽度为 3.22 m，悬浮行驶时的高度为 3.28 m，车轮着地行驶时的高度为 3.32 m，载人时重 29 t，车辆断面面积 8.91 m²。其他车辆及车头与上述长度与质量略有不同。

　　磁浮车辆与以往的新干线车辆相比，在宽度、高度、质量等方面变得更加小而轻。例如，"希望号"的车头长 26 m，宽 3.38 m，高 3.65 m，重 45 t，车体断面面积为 11.2 m²。而第一、第二编组的磁浮车辆高度只有 3.28 m，比"希望号"缩小了 0.37 m。

　　车体的设计融合了飞机与铁路车辆的技术，为铝合金半硬壳结构（semi-monocoque），实现了轻量化，提高了耐久性。考虑到车内的舒适性，车体外板的内侧贴隔热防音材料，一部分使用了磁场遮断材料。客车天棚的高度为 2.1 m，甲府方向车头的定员为 46 人。座席均为双人座，通过采用 CFRP（碳素纤维补强塑料）壳体构造，大幅度减轻了质量，扩大了座位面积率。为了减少超导磁铁的强磁场对人体的影响，乘客座位尽量远离超导磁铁。另外，监视运行状况的乘务员室很简朴。为保证乘客的空间，车门采用上下推拉及内旋两种形式，均达到不逊飞机的气密性。

七、新型试验车辆

2002 年 6 月 18 日，山梨试验线的新型试验车运入车辆基地。这些车辆是为了将过去使用的试验车辆发展为营业用车辆而制作的试验车，未必就是营业用车辆的原型。

1．车辆形状

新型车辆的最大特点是使得车头流线型的特点更为突出。头车（甲府方向）头部的长度由原来的 9.1 m 增加到 23 m。头车和中间车辆的车体下部的形状也由过去的圆形改为棱角形，减少与转向架连接处的形状变化，改善了整体的空气动力特性。

2．车体构造

中间车辆的车体尽量使用"挤出成型材"，实现外板与支撑骨架的一体化，减少了车辆制造工时，降低了制造费用。此外，通过增强车体刚度，提高了乘车的舒适度。采用双层窗确保空气层厚度，使用阻隔振动的内装修材料及加厚外板厚度降低了车内噪声，一次提高了车辆整体水准。

3．车载设备

空气翼制动装置为紧急制动装置，原先使用油压驱动设在车顶的开闭板片。新型车辆则采用气缸驱动装置，上下滑动板片，简化了构造，减轻了质量。侧门也由原来的电力驱动上下滑动形式改为气缸驱动内旋形式，简化了构造。

4．试验计划

先使用 3 辆编组确认基本特性，之后使用 4 辆编组实施走行试验。

八、未来感觉与传统协调车厢

JR 东海、JR 铁道综合研究所就试验车辆做了说明：为减少空气阻力、确保形式安全等，以提高空气动力特性为重点开发了理想的列车两端车辆与中间车辆。新试验车不仅要确保实用化后大量运输所需要的座位数，而且要意识到磁浮列车安全舒适旅行的特性，因此对其人体工程学意义上的乘坐特性也要考虑。在一部分车辆内，采用日本传统的和纸花色，将未来感觉和传统融于一体。

室内换气系统巧妙地利用高速行驶时的空气流（Ram Air），开发出节能轻量的换气装置，将新鲜的空气送入车内，使车内既安静又舒适。在隧道内，这种换气装置既能防止气压变动引起的耳鸣，又能连续向车内提供新鲜空气，可以说是一举两得。

车辆的形象设计（外部涂装等）以浅白色为基调，以浅蓝色线条作陪衬，与大城市圈及中部山岳的沿线风景相协调，充满未来世界的感觉。

九、改进后的超导磁铁

作为新试验车辆心脏部分的超导磁铁的性能，与宫崎试验线相比有了大幅度提高。设置在列车连接部转向架的磁铁，在产生磁场后从"U"形导轨的驱动绕组接受推力，从悬浮绕组接受浮力，从导向绕组接受防止车辆左右移动的导向力，具有使车辆在超高速状态下悬浮行驶的重要功能。

超导磁铁装置可以说是磁浮铁路系统中最关键的技术。新开发的超导绕组由内槽、外槽以及装有冷却用液体氦的车载制冷机组成，见图3-9。

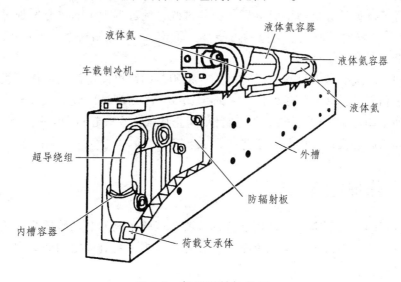

图 3-9　超导磁铁结构图

宫崎线"MLU002"型车辆的同类装置长1.7 m，宽0.5 m，表征磁铁强度的起磁力只有450~700 kN。山梨试验线的超导磁铁（包括制冷机在内）的体积有所减少，起磁力提高到 –269 ℃ 时即进入零电阻的超导状态。处于超导状态的绕组只要通电一次，电流将流动不息，产生比普通永久磁铁强度高几十倍的强磁场。为了提高超导状态的稳定性，使用了将超导物质铌钛合金的极细多芯线埋设于铜制母材的方法制成绕组。

车载制冷机中的液体氦，受外界热及运行时产生的余热的影响会逐渐蒸发为气体。

通过改良制冷机，可以将蒸发的氦气变到液体氦状态从而实现再利用。制冷能力与宫崎试验线的车辆相比提高了 60%。

在超导磁铁的生产方面，需要进行形状更小、效率更高的常温超导材料的开发及商品化。在 1986 年，IBM 的研究所公布了陶瓷类超导物质的存在，之后又发现了在更高温度下产生超导现象的新材料。在液体氮的温度达到 − 196 ℃ 的情况下开发磁浮列车使用的高温超导磁铁已非梦想，在 20 世纪末，我国西南交通大学已研制成功了高温超导磁浮车辆模型"世纪号"。

十、失超问题也有所改善

由于日本超导磁浮没有冗余，为了保证磁浮列车的使用效率，就要求超导磁体具有很高的可靠性。超导磁体的失超问题是影响列车能否正常运行的关键问题。

所谓失超（Quench）现象，是指安装车辆上的磁铁在运行中由于振动及摩擦而发热，进而丧失磁力的现象，也称为失磁现象。

在以往的试验运行中一直存在的失超问题有了大幅度改善。技术人员与绕组制造商协力进行了巨型计算机模拟、电磁加振等试验，经过近十年的研究发现了失超现象的发生机制，从根本上消除了失超的可能性。超导磁体平均无故障工作时间已达到 10 万小时以上。

通过进一步选优绕组材料、改善结构、采用新的绕组固定措施，使绕组的耐振性能提高了 8 倍以上，发热量减少到原来的 1/10 以下。山梨试验线的试验车安装了三家公司提供的依赖性更高的超导磁铁，到目前为止均未出现失超现象。失超现象的解决，使超导磁浮铁路向实用化的目标迈进了一大步。

十一、制动装置

对所有运输工具而言，制动功能特别重要。试验车辆的制动装置为常用的电力再生制动装置。为保障从超高速到停车的各级速度范围都具有稳定的制动力，车上还装有两类制动装置。

车轮盘型制动（disk brake）使用轻量 C/C 复合材料（碳素纤维/碳素树脂复合材料），制动盘的能量吸收能力很高。这种制动装置可以进行全自动制动（控制减速度不变）以及防抱死（anti-skid）制动（检测到车轮滑动时减弱制动力，当滑动停止后恢复原来的控制）。

另外一类为空气翼制动。在车体上部向上竖立空气制动翼（或称空气制动板），平常它不向外伸出，当需要空气制动时它伸向上部，产生空气阻力。这与飞机主翼上的制动系统类似，在高速行驶时制动力很大。

此外还有紧急制动系统，如绕组短路制动、发电制动等。

十二、障碍物排除装置

障碍物排除装置指列车与障碍物相撞时防止车体损坏的缓冲器（bumper）。它不但吸收碰撞时的能量，还能借助缓冲材料的变形将障碍物带走。

第五节　供电及控制

本节主要介绍日本超导磁浮铁路的供电系统，包括变电站、变流器、运行控制系统及控制中心。

一、变电站

试验线专用变电站占地面积 35 000 m²，内有接收电力设备及变电设备，于 1995 年 10 月在都留市小形山建成，从东京电力公司供电。接收电力设备为双路（常用、备用），电压为 154 kV，主变压器的容量为 60 MV·A（东海道新干线为 100 MV·A），故主变压器完全满足列车行驶要求，将送来的 154 kV 电压降为 66 kV。因为是双路供电，所以可以确保用电需要。

超导磁浮铁路的变电站与普通铁路的变电站不同，需按列车运行控制要求及时改变输入电流及频率，使磁浮列车严格按照设定程序自动行驶，实现列车无人驾驶运行，同时使列车能准确地停在指定的位置。这样的电力转换由新开发的世界最大级别的变流器（Inverter）控制单元完成。该变流器单元主要由整流器、中间直流环节和逆变器组成，构成"交-直-交"形式的变流结构。即先通过整流器将交流电转换为直流电，然后再经逆变器（Converter）将该直流电变换为频率、幅值和相位可控的三相交流电，经输出变压器提供给行驶中的列车。

超导磁浮铁路的轨道没有控制信号（轨道电路）。因此，为保证列车安全准确地运行，将驱动绕组按一定间隔分段（试验线的间隔为 453 m，将来商用运营线路的间隔为 40～50 m），按列车的位置切换供电开关，确保前后列车的运行安全。此供电系统（三重供电回路）在山梨试验线得到应用。

二、变流器

山梨试验线南、北线分别装有 3 组变流器（Inverter），提供 20 MV·A、38 MV·A 的电力。该变流器将电力公司提供的商用频率的电力转换为控制列车速度所需要的频率。为了调节列车的运行速度，北线变流器提供的电力频率范围为 0～56 Hz，对应的列车速度为 0～550 km/h；南线的频率范围为 0～46 Hz，对应的列车速度为 0～450 km/h。

变流器的控制过程为：根据控制中心的运行管理系统先生成运行曲线，根据这个运行曲线的指示，再通过变电站的驱动控制系统控制变流器的动作。

三、非接触式供电形式

处于超导状态的超导磁铁一旦通电后将半永久性地流动不息，行驶时没有必要像普通电力机车那样从外部供电。但列车运行时，车内的照明、空调等电气设备也需要大量电力。对于超高速磁浮铁路，这种电力不可能像城市轨道交通那样靠供电轨或架空线提供，只能采用无接触供电方式。众所周知，旋转电机可以改造成发电机，与此原理相同，磁浮铁路使用导轨磁铁也可以在车辆绕组产生感应电流，用这种感应电流可以为车内电气设备供电。这种供电方式称为非接触车内供电形式，也称为感应发电装置。其原理及结构见图 3-10 和图 3-11。

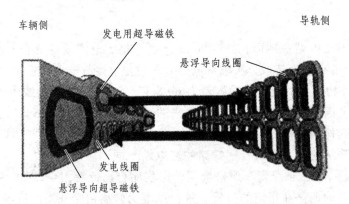

图 3-10　非接触式车内供电原理图

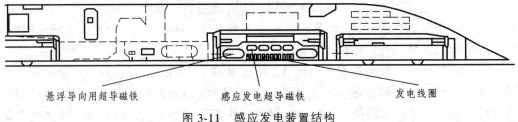

图 3-11　感应发电装置结构

车辆静止时，可以使用车载蓄电池保证电能供应。车载蓄电池可载列车运行过程中从超导磁铁接收的电力充电，无须与其他物体接触，电力使用效率特别高。

四、运行控制系统

超导磁浮铁路控制系统的总体结构可以分为三个子系统：集中控制子系统、沿线分散的控制子系统和移动的车上控制子系统。

集中控制子系统即控制中心，控制和监视整个线路和运行设备。

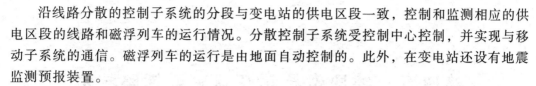

沿线路分散的控制子系统的分段与变电站的供电区段一致，控制和监测相应的供电区段的线路和磁浮列车的运行情况。分散控制子系统受控制中心控制，并实现与移动子系统的通信。磁浮列车的运行是由地面自动控制的。此外，在变电站还设有地震监测预报装置。

磁浮列车上移动的控制子系统对车上的重要设备和系统进行监控。在紧急情况下，车上的控制系统应具有不依赖线路牵引系统和线路侧控制系统独立实现安全保护功能。

移动子系统与沿线路的子系统之间，通过漏泄同轴电缆或无线电毫米波通信。漏泄同轴电缆敷设在线路"U"形槽侧壁顶部。目前这两种通信方式均在试验。车辆的定位和测速采用交叉感应回线。车上设有发射天线，发射一定频率的脉冲信号，沿线路凹槽底部中心有 6 股每隔 45 cm 交叉一次的感应回线，能感应车上天线发出的脉冲信号，由此可确定磁浮列车的行驶方向、位移和速度。列车与线路间的安全信号也通过交叉感应回线来传输。此外，在线路上每隔 400 m 还设有标明线路绝对位置的编码标志，磁浮列车经过时，可得到磁浮列车相对线路的绝对位置，并由此校正交叉感应回线定位系统通过相对技术可能产生的累计定位误差。

五、试验中心

超导磁悬浮列车无人驾驶，它的起动、加速、高速行驶、减速、停止、开关车门、上下车装置的操作均由设在地面的运行控制中心自动控制。

复习思考题

1. 日本磁浮铁路技术发展经过哪几个发展阶段？
2. 简要介绍日本山梨试验线及侧壁悬浮形式的意义。
3. 总结日本超导磁浮铁路的基本工作原理。
4. 简要介绍山梨试验线所使用车辆的结构及制动装置。
5. 简要介绍山梨线路所使用超导磁浮铁路的供电形式。

第四章　德国常导超高速磁浮铁路技术

与超导磁浮相对应，世界著名的磁浮铁路技术还有常导技术。本章简要介绍采用常导技术的德国超高速磁浮铁路运捷 TR（Transrapid）技术。德国常导磁浮系统 TR 与日本超导磁浮系统 ML 一样，同是超高速铁路，但在具体实现方面，两者却有很大的不同。

第一节　概　述

在传统轮轨系统铁路中，支承和导向、加速和制动是靠轮轨接触实现的。采用传统轮轨接触的铁路技术在过去的一百多年中已经有了很大的发展，现在日本的新干线、法国的 TGV、德国的 ICE 和我国的高速铁路都在高速铁路领域内取得了辉煌的成就。而轮轨接触原理始终没有改变。由于技术上和经济上的限制，轮轨高速铁路的速度发展已接近极限。为了达到更高的速度范围（350～550 km/h），为了获得比传统技术更好的经济效益及社会效益，为了更有利于环境保护，需要一种更新、更好的技术。这就是：以采用无接触的电磁悬浮、导向和驱动系统的磁浮铁路技术取代传统的轮轨接触的铁路技术。

德国的长大干线型磁浮铁路运捷 TR 技术，是由德国政府和民营企业共同开发的。本节主要介绍该技术在德国的发展情况。

一、德国与日本之间的实用化竞争

1922 年，德国的赫尔曼·肯佩尔博士提出了电磁悬浮理论，拟采用真空隧道技术实现 1 000 km/h 的速度。1934 年，他申请了"无轮车辆悬浮铁路"专利。一年之后，他还提出了原型车辆，提出了以电磁引力控制方式为基础的磁浮铁路的概念，展示该系统的承载能力（承载能力为 210 kg）。

1962 年，日本开始直线电机驱动、悬浮铁路的研究；1966 年，美国 Brook Heaven 研究所的鲍威尔、达比两博士宣布进行超导磁浮列车的技术开发；随后，美国、日本、德国、法国、英国等国家的研究机构及研究人员相继开始了研究开发工作。但在后来的相当长的一段时间内，除日本和德国之外的其他国家基本停止了有关基础研究及系统开发，这样日本和德国在磁浮铁路的实用化技术方面赢得了领先地位。

日本航空从德国（当时的联邦德国）的克拉乌斯玛法依公司引进基础技术，开发出短程磁浮列车 HSST，在横滨博览会等地进行载客运行，运输省认为可以作为客运营业线使用，并且发行了营业许可证。现在，HSST 已经进入实用化阶段，在 JR 东海道线的大船站—横滨梦之地之间着手建设营业线路。但是，HSST 属于中低速磁浮的范畴，适合于中短距离的城市轨道交通。

在中长距离超高速磁浮铁路方面，之前主要介绍了 ML 系统，目前该技术已经基本成熟，已经达到实用化的程度。德国的 TR 系统也已经完成实用化试验，技术基本成熟。目前，两国在磁悬浮方面的竞争仍然在激烈地进行着。

二、TR 系统的发展过程

德国磁浮高速铁路的主要研究发展工作是从 1966 年开始的。最初有 3 个发展方向：导轨驱动长定子直线电机斥力电动悬浮系统（EDS）、列车驱动短定子直线电机吸力电磁悬浮系统（EMS）和导轨驱动长定子直线电机吸力电磁悬浮系统（TR），见图 4-1。

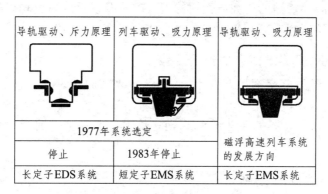

导轨驱动、斥力原理	列车驱动、吸力原理	导轨驱动、吸力原理
		磁浮高速列车系统的发展方向
1977年系统选定		
停止	1983年停止	
长定子EDS系统	短定子EMS系统	长定子EMS系统

图 4-1　德国 TR 系统的发展过程

1. 短定子直线电机列车驱动技术

1969 年，原联邦德国运输部长 Georg Leber 授权进行高速铁路研究（High-Speed Railway Study，HSB），目的之一是确认何种形式的交通工具能最好地适应运量的增长。同年，克劳斯-马菲公司（Krauss-Maffei）采用短定子列车驱动技术，制造出了运捷 01（Transrapid 01，简称 TR01）号磁浮试验车。该项研究于 1972 年结束。

1971 年 2 月，梅塞施密特-伯尔考-布洛姆公司（Messerschmitt-Bolkow-Blohm，MBB）在典托布化工厂厂区的试验线路上展示了第一台基于电磁悬浮 EMS 技术载人原型车辆 MBB，该车空车质量 4.8 t，有 4 个座位，在 660 m 长的轨道上已达到 90 km/h 的速度。同年，克劳斯-马菲公司研制出的 TR02 号磁浮试验车投入试验，试验速度达到 164 km/h。1972 年，高速铁路研究计划结束，研究结果表明，高速铁路对国家经济发展具有巨大利益，这种形式的磁浮铁路的运行速度可以达到 400 km/h。在进一步的开发工作中，克劳斯-马菲公司于 1974 年研制出短定子直线电机驱动的 TR04 磁浮车。

德国 TR04 及以前的磁浮铁路技术以短定子直线电机牵引、司机控制列车运行为主，以中低速运行为主。

2. 长定子直线电机导轨驱动技术

1975 年，蒂森-海斯彻公司（Thyssen-Henschel）在卡塞尔（Kassel）的工厂的 HMB 试验线上率先研制成功了在线路上安设长定子线圈的直线同步电机驱动的磁浮车辆 HMB1，车重 2.5 t，有 4 个座位，最高速度 36 km/h。这一试验系统，将直线驱动和悬浮支承结合起来，奠定了今天的 TR 磁浮高速铁路发展的基础。

1976 年，蒂森-海斯彻公司研制了第一辆长定子载人磁浮车辆"彗星号"HMB2。首次证明磁浮车辆的运行速度可以超过 400 km/h。

1977 年，德国联邦科研部经过系统比较，选定第三种方案（长定子 EMS）作为磁浮超高速铁路系统的研究发展方向。之后，原联邦德国政府将主要精力用在长定子直线电机导轨驱动磁浮铁路的研究方面。德国 TR05 及以后的研究均以长定子直线电机牵引、控制中心控制列车运行为主，并以高速、超高速运行为主。

3. 汉堡国际交通博览会磁浮示范线

1979 年在汉堡国际交通博览会上，TR05 载人试验车首次面世。该车长 26 m，重 30.8 t，有 68 个座位，在 908 m 长的线路上表演运行，并在 3 周的时间内按时刻表运送了 5 万名参观者，平均速度 75 km/h，极大地推动了德国磁浮超高速运输系统的发展。

4. 艾姆斯兰试验线（TVE）

汉堡国际交通博览会取得成功后，德国联邦研究部当年宣布，为了在实际运行的条件下测试电磁悬浮技术，将在埃姆斯兰（Emsland）地区的拉滕建设大型试验设施。1980 年开发了 TR06 试验车，同时开始建设埃姆斯兰运捷试验设施（TVE）。

1981 年在原联邦研究与科技部的基础上，由德国铁路、汉莎航空公司、原联邦德国政府的研究机构共同组建了磁浮试验与规划公司（MVP，总部设在慕尼黑）。MVP 由汉莎航空公司和德国铁路集团共同平等经营。第三方的伙伴 IABG 被委托进行系统试验。

第一期工程包括 21.5 km 的试验线路、试验中心和试验车 TR06。1983 年 6 月 30 日，德国的长定子直线电机驱动的第一个原型车运捷 TR06 在刚完工的埃姆斯兰试验线 TVE 第一期工程上开始试验。TR06 原型车由两节车辆组成，总长 54 m，空车重 103 t，有 192 个座位。

为了提高试验速度，1984 年决定扩建南环线。1987 年，埃姆斯兰试验线第二期工程（南环线）投入使用，这标志着可以循环运行的全长 31.5 km 的"8"字形的试验线可以开始进行长久的运行试验。1988 年，TR06 的试验速度达到 412.6 km/h。

1986 年开始，Thyssen Henschel 公司牵头研制面向应用的 TR07 列车。1988 年，TR07 在埃姆斯兰试验线开始运行，该车由两节车辆组成，长 51 m，空车重 92 t，最高速度 500 km/h。

5. TR 技术走向应用

德国联邦铁路中心局经过近两年的评价和鉴定，于 1991 年年底在慕尼黑证实，运捷的整体系统已经达到了技术成熟的程度。

1993 年 3 月，在普通环境下，TR07 的载人试验速度达到 450 km/h，刷新了当时的世界纪录。1997 年，德国决定建造柏林至汉堡之间长 292 km 的磁浮铁路，原定 1998 年下半年开工，2005 年投入商业运行。为此开发拟用于该线的 TR08 型磁浮列车。

1999 年 9 月，TR08 车头试制完成并在埃姆斯兰试验线投入运行，该车总长 18.8 m，宽 3.7 m，高 4.2 m，客车空重 53 t/节，货车空重 48 t/节，货车有效荷载 15 t/节，座位数两端车最多 92 个，中间车最多 127 个，最高运行速度 500 km/h。采用 3 辆编组列车的最高速度达到 406 km/h。

2000 年 2 月，由于柏林至汉堡之间磁浮铁路原来预测的客流量偏大，新的预测表明建设新线将面临亏损的危险，德国政府宣布取消该线建设计划。

2000 年 6 月，中国上海市与德国磁浮国际公司合作进行中国高速磁浮列车示范运营线可行性研究。同年 12 月，中国决定建设上海浦东龙阳路地铁站至浦东国际机场的高速磁浮交通示范线。

2001 年 3 月上海磁浮线正式开工建设，2002 年 12 月 31 日，该线建成并顺利实现了单线试运行，列车运行速度达到 430 km/h。

三、德国政府与民间共同开发

德国的试验车由多个公司在政府的支持下设立 TR 企业共同体制造，当时的磁浮铁路构想属于政府与民间一体的大型项目。

悬浮空中 1 cm 行驶的德国 TR 与日本的 HSST 一样采用常导电磁铁吸附形式，但驱动装置采用不需要车辆受电的直线同步电动机（LSM）。在使用 LSM 驱动的情况下，当电流被送入设置在导轨的磁铁时，车载发电机被驱动运转，达到将电力送到车辆的目的。因为采用吸附式磁场悬浮，即使停车时或低速行驶时，车辆也可保持悬浮状态，因此不用安装车轮。TR 的车辆与导轨断面见图 4-2，TR 的主要数据见表 4-1。

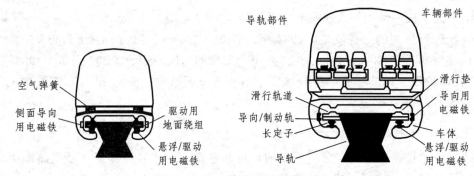

图 4-2   TR 车辆与导轨断面图

表 4-1   TR 的主要数据

项 目		试验线（Emsland）			营业线
		TR06	TR07	TR08	
系统	支承形式	吸附式磁力悬浮 EMS（驱动用电磁铁兼用）			
	导向形式	吸附式磁力导向			
	驱动形式	地面驱动直线同步电机（LSM）			
	上下气隙/mm	10			10
	左右气隙/mm	10			10
导轨	路线长度/km	31.5（两端为回环线）			40～50 km 以上
	曲线半径/m	1 000（200 km/h）			400～500（最小值）
		1 690（250 km/h）			4 000（400 km/h）
	限制坡度/‰	35			最大 100
	轨道宽/m	2.8			2.8
列车	最高速度/（km/h）	400	450	406（1999 年）	300～500
	车辆尺寸（长×宽×高）/m	27.1×3.7×4.2			
	座席数/（人/列）	120	96	190	（72～100）×辆
	质量/（t/列）	125	113	200	39.4×辆
	编组数/辆	2		3	2～8

德国政府及汉莎航空公司等有关企业对开发新型高速铁路表现积极，努力解决至今为止在基础试验、实用化试验中发现的问题，对磁浮铁路技术实现实用化更加充满信心。

第二节 基本原理

德国常导超高速磁浮铁路的基本原理与日本的 ML 大体相似，故本节只作简要介绍，主要包括悬浮原理、导向原理和驱动原理。

一、悬浮原理

德国磁浮铁路的悬浮和导向系统是按照电磁悬浮 EMS 原理，即利用在车体底部的可控悬浮电磁铁和安装在导轨底面的反应轨（定子部件）之间的吸引力工作，悬浮磁铁从导轨下面利用吸引力使列车浮起，导向磁铁从侧面使车辆与轨道保持一定的侧向距离，保持运行轨迹。列车从头到尾都安装着支承磁铁和导向磁铁。每一节车辆拥有 15 个独立的悬浮磁铁和 13 个独立的导向磁铁。悬浮磁铁和导向磁铁安装在列车的两侧，沿列车全长分布，见图 4-3。

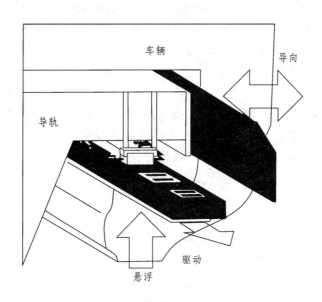

图 4-3 TR 工作原理图

高度可靠的电磁控制系统保证列车与轨道之间的平均悬浮间隙保持在 10 mm。轨道平面和列车底部之间的浮动距离是 15 cm，这样一来，列车在悬浮时可以翻越轨面上低于 15 cm 高的障碍物或积雪。悬浮高度控制原理见图 4-4。

TR 磁浮列车的支承、导向和驱动系统是模块式的，有容许失效的冗余结构并配备自动诊断系统。这就保证个别部件的失效不会导致运行故障。

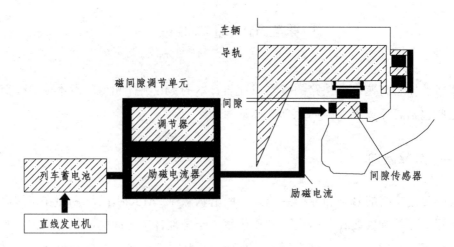

图 4-4　TR 悬浮高度控制原理图

二、导向原理

如图 4-2 和图 4-3 所示，在线路两侧垂直地布置有钢板（图中导向和制动钢轨），车辆两侧相应地布置有导向电磁铁，它与线路的钢板形成闭合磁路，电磁铁线圈通电后产生横向导向力，两边横向气隙均为 8~10 mm。

车辆正好在中心线位置时，两边气隙和横向电磁力相等，而方向相反，互相平衡；通过曲线时，车辆一旦产生横向位移偏差，位移传感器会检测其变化，通过控制系统改变左右两侧电磁铁线圈电流的大小，使气隙小的一侧电流减少，电磁吸力减少，而气隙大的一侧电流增加，电磁吸力增大，合成产生的导向恢复力与列车离心力相平衡，使得偏离中心线的车辆自动恢复到中心线位置。

三、驱动原理

超高速磁浮铁路的驱动和制动均靠长定子直线同步电机 LSM 实现。这个无接触的驱动和制动系统的工作原理类似于旋转电动机，它的定子被切开并在轨道下面沿两侧向前展直延伸（见图 4-5）。列车上的悬浮磁铁相当于电动机的转子（励磁元件）。直线电机的驱动部件，即具有三相行波场绕组的铁磁定子部件，不是安装在车上而是安装在导轨上，故称为导轨驱动的长定子同步直线电动机。

在三相 LSM 电动机地面绕组里，通过三相电流产生移动的电磁场，它作用于列车上的驱动磁铁，它产生的不再是旋转磁场，而是一个移动的行波磁场，从而带动列车前进。

用逆变器改变交变电流的强度和频率可以在静止和运行之间无级调节驱动力，对列车从停车状态到最高运行速度进行无级调整。如果改变行波场的方向，将使电动机变成发电机，致使列车无接触制动。制动的能量可反馈回电网重新利用，进而实现再生制动。

图 4-5　TR 定子

德国 TR 系统的悬浮、导向和驱动系统普遍装有冗余部件，同时装有自动化检测装置。当某个单独部件发生故障时，冗余部件立即接替工作。这样就保证了整个系统的运行不会因为出现单个故障而中断。在最不利的情况下，也只是功率受到限制而已。

导轨上的长定子直线电机由许多区段组成，每个区段的供电只是当列车经过时才被接通，两个相互独立的变电站分别将电网的电流从工作区段导轨电机两端输入，见图 4-6，这样可避免能量损失。变电站的距离和装机功率根据需求而定。在需要巨大牵引力的路段（如陡上坡、加速或者制动阶段），电机功率就设计得高于平缓的匀速行驶地段。而在传统交通系统中，列车电机必须全程按其最高功率供电，这在不需要最高功率的区段是不必要而且不经济的。从这个意义上讲，磁浮铁路比传统的轮轨接触铁路的能量利用率更高一些，限制坡度可以更陡一些。

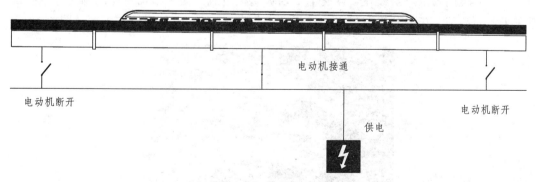

电动机接通

电动机断开　　　　　　　　　　　　　　　　　　　电动机断开

供电

图 4-6　TR 列车分段供电

悬浮和导向系统以及车上的装置由悬浮磁铁中的直线发电机无接触发电供电。因此这种磁浮铁路在区间内既不需要上部架空线，也不需要第三轨集电器供电，实现了完全无接触运行的目标，这是与用于城市轨道交通的中低速磁浮铁路的不同之处。只是列车在车站范围内停车时，车上电气设备的用电通过接触轨供给。当供电中断时，列车由车上的蓄电池供电。这些蓄电池在列车运行的同时被充电。

第三节　列车与车辆

德国第一辆应用型的磁浮高速列车称为运捷 07 "欧罗巴号"，它于 1989 年初在埃姆斯兰磁浮试验中心开始试验运行。

一、列车编组

磁浮运捷快车可以根据不同的要求特征任意组合。列车车厢用轻型结构法制造，可以根据使用情况和交通量情况，由至少两节（164 个座位）到最多十节（820 个座位）组成列车。

两节车是 TR 列车的最短组合形式，适用于机场客运；在城市间客运方面，一般可使用 6 节编组的列车；根据客流需求，一组列车最多可由十节车厢组成，适用于长距离运输。

二、车　辆

车辆是高速磁浮客运系统中最重要的部分，包括悬浮架及其上安装的电磁铁、二次悬挂系统和车厢。此外还有车载蓄电池、应急制动系统和悬浮控制系统等电气设备。

车厢由铝型材料和三明治蜂窝铝板通过焊接和铆接的方式构成。各部分具有优化设计的外形和平滑的表面。侧面窗户由两层玻璃组成，分别从内侧和外侧固定在车体上，前方玻璃则由三层经化学硬化的活动玻璃板组成。为了增加车体的刚度，车门设在车辆的端部。车内装修按航空防火标准进行设计。TR08 的导轨和车辆见图 4-7。

图 4-7　德国 TR 的导轨与车辆

TR07 每节车辆平均安装 90 个座位。列车的功率不受其长度以及随之增加的客运量的影响。列车的内部设施组件使用标准化的固定方法固定，这种方法能够高度灵活地满足客户的要求。

车辆几乎完全用空气动力学的观点来设计，所以运捷列车驶过时几乎不产生空气涡流。采用在航空和航天已证实有效的方法进行研究并通过现场测试得到证实，沿着列车的压力分布及其对迎面驶来的列车产生的影响符合设计要求。由于车厢结构密封好，两车会车时不会使旅客感到不舒适。

因为 TR 磁浮铁路驱动装置的初级绕组安装在地面导轨里，TR 车辆只安装比较简单的次级绕组，不必像其他交通工具那样装备最大荷载所需的功率；再加上车上没有车轮、车轴、传动箱、制动器和集电器，因此采用导轨驱动的磁浮车辆比普通铁路车辆技术简单、转向架尺寸减小、质量减轻。

磁浮铁路基本上没有磨损，而且不需要维护的电子部件取代了易磨损的经常需要维护的机械部件，因此磁浮铁路的养护维修工作量比传统铁路要低得多。

三、悬浮架

悬浮架又称转向架，见图 4-8，其作用是装载电磁铁，并保证列车具有顺利通过曲线和坡道的能力。每节车厢设 4 个悬浮架，用于传递驱动、悬浮、导向和制动能量，悬浮架与车厢用水平调节的空气弹簧和摆式悬挂连接起来。车厢和磁铁之间所有的活动机械部件都由减振的橡胶/金属材料支承。悬浮导向磁铁和悬浮制动磁铁都安装在悬浮架的架梁上，成为一个磁铁模块。

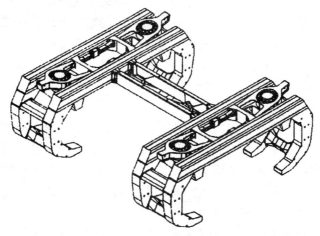

图 4-8　悬浮架

每个悬浮架在车体两侧底部各安装一个悬浮电磁铁，相邻两个悬浮架之间也在每侧有一个悬浮电磁铁连接在两个悬浮架上，即车辆两侧是由悬浮电磁铁首尾相接布满全列车。每个悬浮电磁铁的两端分为两个独立的控制单元，如果电磁铁的某个控制单元发生故障，另一控制单元仍能控制该电磁铁继续工作，这就是通常说的电气冗余设计，能够提高系统的可靠性。另外，因为悬浮电磁铁是满铺于车辆两侧的，所以即使一辆车甚至一列车上有几个电磁铁同时失效，剩余的电磁铁仍能提供足够的悬浮力保证列车安全运行。

与悬浮电磁铁的安装对应，车辆悬浮架的侧面用于安装导向电磁铁，其中部分位置（每隔两个磁浮架的中间）用于安装涡流制动器。由于采用冗余设计，个别导向电磁铁的故障不会导致列车运行中断。

四、二次悬挂系统

二次悬挂系统的作用是将车厢荷载传递给悬浮架，同时通过减振装置使车辆/线路界面间的振动在传递到车厢之前得到衰减，其部件包括空气弹簧、摆动机构和防侧滚稳定器。二次悬挂系统使悬浮架与车厢之间的相对横向和垂向位移成为可能，从而使列车能够在曲线和坡道上运行。

车厢的减振装置共有两层，第一层减振装置是电磁铁与悬浮架之间的弹簧，而空气弹簧则提供车体与轨道间的第二层减振作用。在每节车的车厢和悬浮架之间安装了16个空气弹簧，每个弹簧载质量为 2 t。

车辆的车厢是刚性的，列车在曲线上运行时，悬浮电磁铁相对于车厢要发生相对位移。为了允许悬浮架相对于车厢有侧向运动自由度，且不阻碍垂直方向空气弹簧的功能，故设置了摆杆结构。每节车厢有 16 个导向摆杆与悬浮架相连，可以同时产生侧向和纵向运动。

当列车运行中遇侧向风力，或者存在未被平衡离心加速度时，车厢将产生侧滚运动。为了衰减车辆的侧滚运动，车厢与悬浮架之间的摇臂上还设计了防侧滚稳定器，这种液压装置可有效地减轻车厢的侧滚效应。

五、电气设备

车载电气设备包括悬浮、导向、紧急制动、车载控制系统、照明、空调和车载电源设备。车载电源通过车上的直线发电机获得电能，并由车载蓄电池储存。列车运行时，发电机定子线圈中产生感应电动势，当列车达到一定速度（100 km/h 左右）后，该感应电动势可提供足够的电能，供车体用电，同时对车载蓄电池充电。当列车需要紧急停车时，使用车载的涡流制动器。

悬浮和导向控制系统的作用是保证电磁铁与轨道之间维持正常的间隙。

磁浮列车的大部分部件为电气和电子部件，设计中采用多重冗余设计，大大提高了车辆运行的可靠性。此外，磁浮列车的大部分构件还采用了模块化设计，更换方便。对于故障诊断系统监测到的故障部件，可以迅速更换，维修时间短，整车的利用率高。

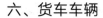

六、货车车辆

TR 磁浮列车不仅运送旅客，而且也运送货物。在快速货运时将使用专门的货运车厢。需要时可以将客车和货车组成混合列车。TR 列车配备的高速货车车辆，每节可最多承载 18.3 t 货物。

第四节 线 路

本节主要介绍德国常导超高速磁浮铁路的线路，包括线路导轨、桥梁、道岔、设计参数等技术。

一、导 轨

导轨引导列车的前进方向，同时承受列车荷载并将之传至地基。线路上部结构为用于连接长定子的精密焊接的钢结构或钢筋混凝土结构的支承梁，下部结构为钢筋混凝土支墩和基础。支承梁本身在力学性质上与传统土木工程简支梁桥或连续梁桥的梁部相同，由于其上需安装磁浮系统的定子线圈和铁心，因此制造和施工精度要求较高。

磁悬浮铁路可以分为单线铁路和双线铁路，TR 双线铁路的线间距是 4.4 m（300 km/h）、4.8 m（400 km/h）和 5.1 m（500 km/h），建筑接近限界宽度为 10.1～11.4 m，轨距为 2.8 m。

同样是超高速铁路，德国 TR 系统的悬浮高度为 10 mm，而日本 ML 系统的悬浮高度为 100 mm，德国 TR 系统的悬浮高度只有日本 ML 系统的 1/10。因此德国 TR 系统对导轨梁加工和装配的质量和精度提出了很高的要求。为了达到这些要求，德国专门开发了全自动机器人焊接技术进行钢梁的焊接，以保证焊接的高精度。

使用计算机控制的装配方法把批量生产的长定子直线电动机电磁部件装配在支承梁上。与此同时，该电磁部件在线路上的位置也被设定了。这样避免了错误，提高了安装精度，而且非常经济。在制梁厂里进行支承梁预加工，可以缩短现场建路的时间。

二、高架轨道

由于磁浮列车与线路的耦合关系，磁浮铁路的线路必须具有一定的高度，并采用梁式结构。线路可以高架，也可以根据地形直接将梁固定在基础上（称为低置线路）；可以敷设在桥梁上，也可以敷设在隧道里。无论是在地面上，还是在空中，无论是用钢梁，还是用混凝土梁，磁浮运捷系统的轨道均能满足运行平稳与安全的要求。

单个的导轨梁长度为 6～62 m，标准跨度为 31 m，可以将两个标准跨度（31 m）的简支梁连接成 62 m 的连续梁。支承梁预加工在工厂里进行，这样可以缩短现场施工的时间。

三、低置轨道

在磁浮线路与现有的交通线（公路、铁路）平行的情况下，轨道首先在平地上铺设，在路堑、隧道和原结构如桥梁或者车站建筑物等处，轨道一般也铺设在平地上。如果条件允许或者鉴于防噪的要求，可以选择地面轨道。低置轨道一般采用 6～12 m 的标准跨度和 1.25～3.5 m 的高度，这个高度可以保证排水及小动物通过的要求。

无论是使用地面轨道，还是高架轨道，磁浮铁路导轨占地面积都比其他交通系统少。

四、桥梁基础

根据地基基础的不同，在一般情况下，桥梁基础采用浅基础就足够了。桩基只是在很复杂的地质情况下才有必要。

五、道　岔

线路的另一个重要组成部分是道岔。由于磁浮铁路的"轨道"——支承梁刚度较大，因此道岔的设计和施工较为复杂。磁浮铁路的道岔是一个多跨连续钢梁，长度与道岔侧向允许通过速度有关，侧向过岔速度不大于 200 km/h 者称为高速道岔，侧向过岔速度不大于 100 km/h 者称低速道岔，长度分别为 148.6 m 和 78.4 m。最近蒂森克虏伯公司又开发了一种侧向过岔速度可达 400 km/h 的超高速道岔，可用于干线分岔的特殊地段。

列车借助钢弯曲道岔换道，见图 4-9，借助电动扳道装置使钢梁弹性弯曲左右分段移动即可达到换道目的，换道完成后用道岔闩将活动部件锁定在终端位置上。换道过程由微处理机控制，微处理机受中心计算机的监控，见图 4-10。

图 4-9　TR 道岔

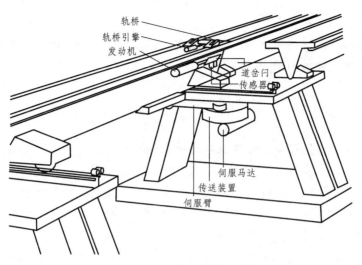

图 4-10　TR 道岔控制示意图

　　道岔可以是单开道岔（快速道岔）或双开道岔（慢速道岔）。当道岔处于正线通过位置时，允许列车以其正常速度（300 ~ 500 km/h）驶过，列车运行速度不受限制；处于侧线通过时，允许的行驶速度是 200 km/h 和 100 km/h。道岔可以铺在地面，也可以架设在空中。在停车场和维修保养区换道也可以通过一个轨道组件在移动平台上平行推移来进行。

六、隧　道

　　由于磁浮铁路选线灵活，其线路能很好地适应地形，所以，即使在丘陵地带和山区地带，也不需要修筑隧道。磁浮铁路的隧道横断面取决于空气动力学的要求。二至八节编组列车通过大于 150 m 长的隧道时，所需要的隧道断面面积取决于列车的运行速度。

七、功能件

　　功能件是磁浮线路轨道设备之一，磁浮列车的支承、导向和驱动都与功能件有关。功能件的主要功能部件包括顶部滑行板、侧面导向板及定子固定件等。顶部滑行板在列车停止状态起支承作用，在列车运行时悬浮架两个悬浮控制电路出现故障或列车安全制动时，磁浮列车通过滑橇降落在滑行板上，滑行板承受机械支承力和摩擦力。顶部滑行板使用 S355N 钢板，厚度 15 mm，宽度 360 mm。侧面导向板与列车导向系统完成列车的导向功能，在列车运行时，当悬浮架两个导向控制电路失效或列车完全制动时，导向磁铁极靴或制动磁铁极靴接触导向板，起机械导向作用功能或摩擦制动作用。侧面导向板使用软磁结构钢，厚度为 30 mm，高度为 305 mm。

　　定子固定件用于安装直线电机定子铁心。根据定子类型，在型钢下缘加工横槽及螺栓孔,用于固定定子铁心。

腹板、竖向及水平肋板也是功能件结构的重要组成部分,用于连接及加强顶部滑行板、侧面导向板和定子固定件。

八、供电轨

在车站、维修基地以及中途停车站等处,磁浮列车的集(受)电靴要通过供电轨给列车的悬浮机构、空调、照明等提供电能,并能给车载蓄电池充电。

供电轨也称动力轨,采用支架固定在轨道梁上。支架固定在轨道梁腹板上,位置可作调整。供电轨的标准长度是 8 242 mm,自重 91 kg。供电轨由铝合金和不锈钢材料复合加工而成。它分为正、负和 PE 三极,见图 4-11。

供电轨与支架间采用绝缘子(器)连接,绝缘子是供电轨与供电轨支架间用于连接的具有良好绝缘性能的自锁式内螺纹连接件。

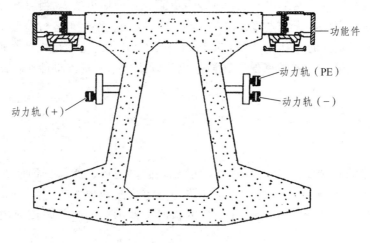

图 4-11 供电轨支架布置

九、有关线路参数

由于在导轨上采用了有效的磁导向和与各路段特点相适应的电机功率分配技术,所以使得磁浮铁路具有很好的选线特性。

1. 限制坡度

由于磁浮铁路地面驱动绕组的数量、驱动绕组的功率可以根据地形的需要灵活布置,所以它的爬坡能力很强,限制坡度高达 100‰,比普通高速铁路(12‰~40‰)高得多。因此,磁浮铁路线路可以灵活地适应地形环境,不必像修筑普通铁路那样,不得不修建长大桥梁和隧道。

2. 最小曲线半径

磁浮铁路的最小曲线半径比普通铁路小得多。德国 TR 系统在速度 300 km/h 时仅为 1 590 m，而普通轮轨铁路在同样的速度条件下却需要 5 000 m。

3. 缓和曲线

缓和曲线采用正弦曲线。根据列车运行速度、线路允许最大侧向冲击、扭转角和法向冲击，可以确定最小缓和曲线长度。

4. 竖曲线

竖曲线半径是根据列车运行速度和舒适度要求确定的。

5. 竖曲线缓和曲线长度

由于磁浮列车运行速度快，对舒适度要求高，因此，它对竖曲线也要求设置缓和曲线，这是与轮轨高速铁路的不同之处。竖曲线缓和曲线采用回旋曲线。

6. 横坡设计参数

在线路曲线区段，为了平衡列车运行时的部分侧向加速度，轨道梁须设置超高。在直线区段，为了便于排水，轨道梁也需设置排水横坡。

在线路区间，轨道梁的最大横坡为 12°；在车站，横坡角不大于 3°；在道岔范围，横坡角为 0°

十、与其他交通工具和交通路线的连接

磁浮铁路的车站也经常需要与其他既有交通系统（铁路、高速铁路、城市轨道交通、公路）连接。旅客在这些连接点应尽可能容易、舒适地转乘别的交通工具，尤其是高速铁路，以便能够方便地到达更远的目的地。因此，普通铁路和磁浮高速铁路这两种轨道导向的交通系统应该实现同车站甚至同站台换乘。

第五节　供电与运行控制

一、供电系统

供电系统包括变电站、沿线供电电缆、开关站和其他供电设备。

磁浮列车供电系统通过给地面长定子线圈供电来提供列车运行所需的电能。首先，从 110 kV 的公用电网引入交流高压电，通过降压变压器降至 20 kV 和 1.5 kV，然后整

流成为直流电，再由逆变器变成 0 ~ 300 Hz 的交流电，升压后通过线路电缆和开关站供给线路上的长定子线圈，在定子和车载电磁铁之间形成牵引力。供电系统逻辑示意图如图 4-12 所示。

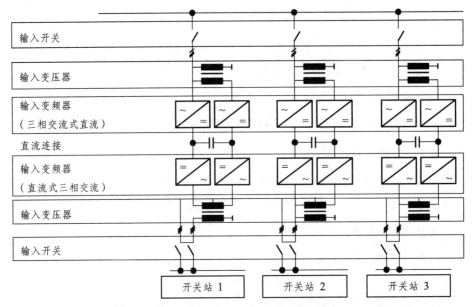

图 4-12　供电系统逻辑示意图

磁浮列车系统的整流、变流及电机定子等设备均在地面，对设备的体积和质量以及抗振性能没有严格要求。

1. 变电站

变电站内实现高压交流电的降压、整流并再逆变成 0 ~ 300 Hz 的交流电，因此站内设备有降压变压器、整流变压器、整流器、逆变器和输出变压器。变电站一般设在线路旁边，一条线路设若干变电站，每个变电站可向两旁的线路区段供电。由于两个变电站之间每条线路只能运行一列列车，因此变电站的间距实际上控制了全线的列车运行密度，其设置应根据运输需求、列车编组和技术约束综合考虑，经技术经济分析后确定。

2. 供电电缆

供电电缆用于对牵引电机的长定子供电。每条磁浮线路有两组或 3 组相互独立的三相电缆对线路两侧的长定子供电。

3. 开关站

开关站沿线路分布，将同一供电区间的电机长定子分为若干小段（数百米），在列车通过时交替接通。设置开关站的目的是减少供电电流在定子段上的功率损失，其设置间距根据技术和经济分析确定。

4. 其他供电设备

除了对长定子供电以外，还需要相关电气线路为道岔、车/线数据传输天线、车站或停车点的静止列车等供电。

二、运行控制系统

磁浮铁路的运行控制系统（简称 OCS）是一个安全控制与防护系统，其基本任务是控制列车的运行，确保列车运行的安全，提高运输组织的效率，实现列车运行的自动化。所以，磁浮铁路的运行控制系统不仅仅是实现列车运行的安全控制和防护，它还兼有列车运行的管理和调度等功能。

要保证磁浮列车高速、安全地运行，并能根据运行中车辆、线路的状况随时调整运行计划，迅速处理运行中的各种突发事件，列车的运行控制就必须自动化进行。磁浮铁路运行控制系统按照已存储的行车时刻表对列车运行进行中央自动化控制，包括准确按照时间和地点操纵列车的驱动和制动过程。常规的列车控制任务不是由司机操作，而是完全由运行控制系统来履行。因此该系统具有很高的自动控制和防护特性，一般无须人工干预列车的运行，只是在需要清除故障时才需控制人员按操作顺序进行人工干预。

运行控制系统是整个磁浮交通系统正常运转的根本保障。它包括所有用于安全保护、控制、执行和计划的设备，还包括用于设备之间相互通信的设备。运行控制系统由运行控制中心、通信系统、分散控制系统和车载控制系统组成。运行控制系统的任务还包括调度、处理与记录列车运行和各方面的故障诊断数据，为操作人员与乘客介绍最新信息。

1. 运行控制中心

运行控制中心负责安排行车计划，编制运行图。它根据线路条件按计划发出列车；当出现故障或冲突时，根据情况的变化改变或撤销计划；通过比较预定计划和实际运行情况，实现整个系统的优化运行。为了保证计划的正常执行，控制中心通过数据传输设备从下属分散控制系统取得各种信息，进行计算分析并提出运行调整计划。同时，运行控制中心还负责保存各种技术数据，用于进一步的统计分析和故障诊断。此外，运行控制中心还负责向乘客发布列车运行信息。

2. 分散控制系统

分散控制系统直接参与列车的控制和运行。它的功能是保证本区段内列车的运行安全，对本段各种设备状况进行监控和维护，将各种信息传给运行控制中心，并在非计划情况下执行运行控制中心的指示，对设备状态和列车运行进行人工干预。

控制系统借助轨道上的数字密码化的位置标记准确地测定列车的位置，不断监控列车是否超过了容许速度的限制。如果超过，则系统会自动切断相应供电区间的电源。

如果需要，还可以开启列车制动装置，保证运行安全。此外，系统还可以确保路段上列车之间的距离、保护岔道及车站里的人员安全以及保证运营设施其他功能和过程的安全。

3. 车载控制系统

车载控制系统的主要任务是对各种车载设备进行检测和控制，保证它们正常工作。通过移动无线传输，车上的列车保护系统始终和分散控制系统保持联系。同时，它也与运行控制中心保持无线通信联系，随时将列车运行状况数据传给运行控制中心并接受后者对行车计划的调整命令。车载控制系统的监控设备会随时比较当前运行数据与计划运行数据，一旦两者的差别超出允许范围，就启动列车保护系统，使列车迅速减速或停车。虽然磁浮铁路的运行控制系统的费用只占总投资的4%左右，但它却是各种高技术（包括检测技术、有线和无线通信技术、数据处理技术和自动控制技术等）的集成，在磁浮交通系统中占有非常重要的地位。

4. 通信系统

列车与控制台之间的联络使用配备冗余部件的定向无线电数据传输设备。无线电台天线杆安装在导轨旁边，间距数千米。通过无线电天线杆沿着轨道的特殊排列，能够保证列车上的两个天线总是同时处于两个无线电台天线杆的接收和发射范围之内，见图4-13。

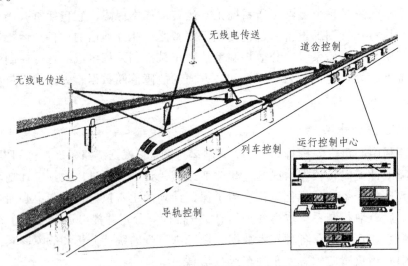

图 4-13 德国 TR 运行控制系统原理图

第六节　安全性能

德国 TR 磁浮交通系统在开发、制造过程中经历了系统性的安全分析和验证以及严格的第三方安全评估，许多方面已在德国埃姆斯兰试验线（TVE）的试验运行中得

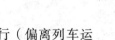

到检验。该系统在正常运行（按照列车运行时刻表的运行）及故障运行（偏离列车运行时刻表的运行）时，在技术上安全都是完全有保障的。超高速磁浮铁路技术结构本身可以预防传统交通系统的事故。因此尽管速度最高可达 500 km/h，乘坐 TR 磁浮列车还是比任何别的交通方式都更安全。

一、不脱轨

普通铁路列车只是靠车轮踏面及轮缘使其保持在钢轨上，这有可能造成列车脱轨。TR 磁浮列车紧紧地抱住轨道，所以它不会脱轨。

二、不撞车、不追尾

由于使用导轨驱动的同步直线电机 LSM，并且 LSM 的地面部分以分段方式接通，使得列车和驱动电动机移动场的运行是同步的，也就是说，它们以同样的速度并且往同一个方向运行。此外，只有列车所在的那一段长定子直线电动机是接通的。因此在同一路段上行驶的两辆或多辆列车不可能以不同的速度或朝不同的方向行驶，故绝对不会发生两辆列车追尾及迎头相撞的现象。

三、安全悬浮

安全悬浮指的是磁浮列车在假设最严重故障情况或紧急情况下仍能保持悬浮功能，以确保列车能强行制动并到达就近停车区。

保证安全悬浮功能的技术措施有：所有与安全相关的重要子系统和部件都采用冗余设计、检测和诊断装置的故障报警、强制制动、定子在线路上的冗余固定、轨道自动检测装置等。

四、安全制动

在列车运行时，如果发生供电中断的情况，系统只是驱动功能失效。支承和导向系统以及车上设施的电源供应完全靠车上电池供给继续工作。这样一来，列车依靠安全制动系统仍然可以保持原有的"活力"继续悬浮行驶。

安全制动功能的特征是：采用独立于牵引系统和外部电源的安全制动系统，受自动列车控制与保护系统控制。在运行速度由 500 km/h 降至 10 km/h 的过程中，列车采用涡流制动器制动（通过车载蓄电池供电）。其特点是：制动功能与气候无关，制动力可控制，通过单独控制和冗余的电磁制动回路，保证安全可靠的制动功能。当速度降至 10 km/h 后，列车通过滑橇降落在滑行轨上滑行，靠摩擦力制动，保证列车停在预定位置。

五、列车自动控制与保护

列车自动控制与保护系统保证列车自动、安全运行，具有产生运行指令、道岔动作指令、牵引系统控制参数等控制功能，监视列车运行速度范围及其他与安全有关的列车功能和状态、开通安全区间及停车区、触发安全制动系统、产生列车运行状态信息等安全功能。

正常运行为自动模式，并依靠安全保护系统的保护。列车运行按照存储在运行控制系统中的程序自动地进行。因此正常的运行安全完全依靠设备保障，而车站工作及值班人员、车上工作人员的主要工作是为旅客服务。

六、自动监测

牵引驱动系统、运行控制、安全防护系统设备依靠其自身的自动监测及故障诊断子系统保障其可靠性、可用性及故障安全性。

运行的车载设备自动检测线路轨道，以确定轨道结构几何尺寸的变化或者附属设备的偏移。车上的设备可有规律地监测各功能区域，将所测的数据与参考值相比较，显示各类偏差并确定其位置，以便检修、调整。

七、辅助停车区

辅助停车区是线路上某些用于列车计划外停车的特定路段，配置动力轨，是保护乘客的重要措施。列车即使在严重故障情况下也能到达下一个停车区（车站停车区或辅助停车区），在这里可以实施计划救援方案。

即使在极其罕见的系统技术失灵的情况下，如果下一站距离太远，列车将在下一个沿着轨道按一定距离设立的技术停车站（辅助停车区）停靠。制动借助于涡流制动装置来实现，这个装置同样也由车上的蓄电池供电。它使列车的速度减到 10 km/h，然后将列车放到滑板上停住。

八、车上防火保护

车上火灾的预防措施包括：① 采用电子式电源断路器、电流监测器监测电气设备，当发生故障时，自动将车辆内的电源系统切断。② 采用超负荷电流和短路电流保护装置切断车内设备电源。③ 采用具有绝缘监控功能的车载电源系统，并由分布式冗余绝缘监测器监测其接地故障，各套车载冗余电源系统之间设置电气隔离。④ 车载蓄电池具有双重绝缘，并有可靠的通风设备。蓄电池连接电缆皆具有可靠的防短路和接地保护性能。电池冷却及其废气排放依靠冗余通风装置及监测装置，故不会聚集爆炸性气体。⑤ 当车辆停止或者车速低于直线发电机使用的速度时，为车上供电的电流接触器将单独连接，并且在电流为零时从动力轨上断开，避免产生火花。⑥ 车上设施皆不具备可燃性。车上没有燃料或者易燃冷却材料。列车使用的全部是无聚氯乙烯材料，这种材料很难点燃，不易导热，耐烧透和耐温度变化。⑦ 采用防止车上火灾蔓延的措施，如车辆的内部配件及电气装备均按照飞机防火标准设计，设置车载火灾报警系统，车内设置手持式化学灭火器，车厢过道门均按防火、防烟模式设计等。

列车上防火设施的安全性超过了飞机的安全标准。另外，每一节车厢都可以关闭所有的门窗进行有效防火。在发生火灾的时候，同样有预防措施。通常列车将驶入下一个技术停车站，在紧急情况下还可以在原地下车。

九、车站旅客保护

为了保证乘客在车站上下车以及在站台候车时的安全，最佳方案是在站台边缘设置屏蔽门系统。根据建设标准需求，也可考虑先预留屏蔽门系统（运行控制系统等预留完备的接口、车站设计考虑屏蔽门安装条件），或者设置隔离栏杆等设施。

车站设置消防报警系统和灭火设施，如消火栓、化学灭火设施等，配置情况应按列车发生火灾进入车站进行扑救的具体要求考虑。

进一步的安全措施包括自动列车安全设备、为了避免轨道结构和车站建筑受到损坏而装备的被动保护设施、自动化的轨道检查系统等。

第七节　环保性能

磁浮超高速铁路从生态环境、生活环境方面来看也有诸多优点。例如，因无接触技术而没有车轮和驱动产生的噪声，不受原始能源的制约，沿途没有废气和其他有害物质的排放，高架轨道和低置轨道占地面积都很少，高架轨道下面仍然可以继续利用（如用于农业），高架轨道不破坏风景线、动物和植物的生活环境，高架轨道对野生动物的出没无不良影响，低置轨道也给两栖动物和小动物留有通道，广泛地避免使用路堤和路堑，对自然景色的影响很小。通过不同的轨道建筑形式和灵活的选线参数而具有对地形情况的适应能力。

一、噪　声

传统交通系统的噪声来源于电机噪声、滚动噪声和空气动力（风）噪声。

磁浮系统采用直线电机，电机噪声较低；通过无接触方式实现支承、导向、驱动、制动和供电，避免了车/线界面的接触，不产生机械噪声；在速度高达 250 km/h 时，TR 磁浮列车几乎无声地悬浮驶过城市和人口密集的地区；只是在速度超过 200 km/h

之后，会产生随速度增加的空气动力学噪声；磁浮列车以 400～500 km/h 的速度运行时，其噪声主要来源于空气动力噪声。故在常用的速度范围内，在相同的速度条件下，磁浮铁路的噪声比普通轮轨接触系统铁路所产生的噪声要低得多。

磁浮列车车体在转向架以下的部分最大限度地实施了外壳封闭，尤其是没有传统铁路的轮轨走行部，其空气阻力大为减少，同等速度下相应的空气动力噪声将比轮轨铁路低。同时，磁浮铁路的无接触供电，也消除了传统轮轨铁路的受电弓空气噪声。

1. 噪　声

噪声可能令人感到不舒服，甚至可能令人感到痛苦。可以测量的是声压级，也就是声源在空气中产生的压力波动。声压级用分贝（dB）来表示，用这种国际统一的测量单位能够模仿出人的听力感觉。声压级刻度分为 0 dB（听阈）到 130 dB（痛苦极限）。分贝刻度用对数的方式表示。提高 10 dB 时感觉到的音量增加一倍。通常接触到的噪声见表 4-2。

表 4-2　通常接触到的噪声

噪声源	距离/m	噪声/dB
喷气式飞机	200	130
风动锤	5	120
圆盘锯	5	110
汽车喇叭	5	100
卡车	5	90
正常的公路交通	5	70
正常的谈话	5	60
很轻的收音机音乐	5	50
小声说话	5	30
钟表的滴答声	5	20
计算机	5	10

2. TR 与其他铁路的噪声比较

根据德国有关机构进行的测试，德国高速磁浮列车与德国高速轮轨列车的具体噪声值比较见表 4-3。测量位置为距线路 25 m 处，测量结果为列车驶过时的瞬时值。可见，在相同速度的条件下，各种铁路形式中，磁浮铁路的噪声水平是最低的。

表4-3　磁浮列车与轮轨列车驶过的噪声比较　　　　　　　dB

运行速度/（km/h）	轮轨铁路	磁浮铁路
100	72	
160	79	70
200	83	73
250	88	78
280	89	81
300	91	83
400		91

　　由德国技术监督协会做出的比较测试表明，磁浮列车通过稠密居民区，在通常速度行驶时产生的噪声，比任何其他交通系统都低。即使在400 km/h的速度情况下，它比轮轨铁路系统产生的噪声水平也要低得多。

　　3. TR与其他铁路及高速公路的噪声平比较

　　对交通噪声的评价除了使用上述的瞬时噪声之外，更常用的指标是在一段时间内的持续声平（噪声平）。根据测试可知，即使TR磁浮铁路速度达到400 km/h，其所产生的噪声平仍然比速度为250 km/h时的ICE高速铁路、速度为100 km/h时的德国城郊铁路及高速公路的噪声平要低。

二、振　动

　　在运捷列车通过时，振动通过路基传入地下。列车引起的振动受德国联邦环境保护法约束。测量值根据DIN4150称之为振动强度KB，并像判断噪声声级那样考虑其影响时间和影响强度。

　　德国埃姆斯兰区磁悬浮高速铁路试验场（TVE）的测量表明，在列车以250 km/h的规定速度运行时，距离列车25 m处的振荡在人的"感觉阈"之下。在全部速度范围内，距离50 m没有任何振动的感觉。

三、电磁污染强度

　　磁浮系统依靠巨大的磁吸引力实现列车的悬浮、导向和驱动，因此其磁场对人体的影响成为人们关注的重要问题。

　　磁浮的强磁场存在于车辆、线路界面的间隙处。对人体的影响来自从间隙处泄漏的磁通量。德国磁浮铁路TR系统采用磁吸式悬浮原理，由于车、路界面的间隙很小（约10 mm），且磁力线通过间隙闭合，故磁通的泄漏量很少，电磁污染强度非常低。它与地球磁场相当，远低于家用电器。吹风机或电视机周围的磁场强度远远高于在TR

车厢里的磁场强度。车厢外面线路沿线的磁场强度就更低了。

四、能　耗

高速运行条件下，空气阻力在列车所受的阻力中将占主导地位，由于空气阻力与速度的平方成正比，随着行车速度的提高，空气阻力迅速增大，列车能耗也明显增加，因此有必要分析行车速度对高速磁浮铁路运输能耗的影响，为磁浮铁路建设项目的技术经济分析提供依据。

经测试得知，在速度相同的情况下，德国磁浮 TR 系统比德国高速铁路 ICE 系统减少能耗 30%。换言之，在相同的能耗下，磁浮系统能多做 1/3 左右的功。

与公路和空中交通相比，超高速磁浮铁路系统的低能耗就更明显了。在可相比的距离情况下，小汽车的单位能量需要是 TR 磁浮铁路的 3 倍，飞机是 TR 磁浮铁路的 5 倍。

五、有害物质排放

磁浮系统采用的能源为电能，运行中不排放有害物质。

六、土地占用

土地是最重要的环境资源。磁浮系统作为大容量公共交通工具，与轮轨铁路一样，对土地的占用量少于高速公路。同时，由于磁浮系统在同等速度下容许的曲线半径比轮轨铁路小（最高速度 v_{max} = 300 km/h 时，轮轨铁路最小曲线半径 R_{min} = 4 000 ～ 5 000 m，磁浮系统最小曲线半径 R_{min} = 1 590 m）、坡度比轮轨铁路大（轮轨铁路最大坡度 i_{max} = 4%；磁浮系统最大坡度 i_{max} = 10%），线路能够更好地适应地形，减少填挖工程数量，从而使土地被占用和地表被破坏的数量更少。

在平原地区，地形地质障碍少，土地开挖量少，磁浮系统的选线灵活优势在用地方面不明显，磁浮系统与轮轨铁路的土石方工程数量比较接近。

在山区，磁浮系统在选线参数上的灵活性得到充分体现，填挖高度将显著低于轮轨铁路，从而使路基开挖宽度和开挖断面面积大为减少。

磁浮高速铁路 TR 系统与其他交通系统相比，轨道和其他必要的设施占地最少。

七、气　流

德图埃姆斯兰试验线（TVE）对列车周围的气流进行了全面测量，结果如下：在高架轨道下面，在全部速度范围内均感觉不到气流；在低置轨道线路旁边，当磁浮列车驶过时感觉到的气流和典型的自然风一样。列车下面地上的小砾石在列车通过时原地不动；在速度 350 km/h 时，在轨道旁边距离列车 1 m 处的气流速度小于 10 km/h。

八、受天气情况的影响

比较而言，全部采用轨道导向的交通工具较少受天气情况的影响，磁浮铁路也一样。TR 铁路采用无接触技术，使其在极其特殊的天气形势下也照常运营。

TR 磁浮列车的驱动部分被安装在轨道下面保护起来，那里既不会积雪，也不会结冰。只要轨道上出现超过规定数值以上的雪或冰，系统就将借助专用车辆予以清理。

第八节 德国、日本超高速磁浮铁路技术经济比较

目前在超高速磁浮铁路领域，德国常导磁浮铁路 TR 技术和日本超导磁浮铁路 MLX 技术是两个具有代表性的技术。本节首先将两种形式的系统技术特点进行总结，之后再讨论两者之间的不同之处。

一、德国 TR 系统的特点

德国的 TR 超高速磁浮铁路系统采用电磁悬浮（EMS）原理。

1. 主要技术特点

（1）借助气隙传感器和加速度传感器，通过对电磁铁的主动控制，实现车辆的悬浮和导向，悬浮气隙保持在 8 ~ 10 mm，悬浮高度与车速无关；

（2）悬浮和导向功能采用可靠性高的冗余设计；

（3）通过长定子直线电机，实现无接触的牵引和再生制动，制动时可向电网反馈电能；

（4）牵引功率的控制和转换通过地面固定设备实现；

（5）车载 440 V 辅助电网由直线发电机供电；

（6）地面控制中心对列车位置的控制信号通过频率为 38 GHz 的无线电传送；

（7）当牵引系统失效时，采用车载的涡流制动器实现列车的目标定点制动；

（8）线路高架或地面低置；

（9）支承梁采用钢结构或混凝土结构；

（10）道岔采用连续的钢结构梁，在电力、液压传动系统的推动下，产生弹性弯曲，

实现列车换线；

（11）系统运行由计算机全自动控制；

（12）TR 磁浮列车由功能相对独立的多节车辆组成，其中包括两节头车和 0～8 节中间车，每节车可用作客运或运送贵重货物。

2. 系统特征

（1）比较宽的应用范围，如速度范围为 200～500 km/h；

（2）客运能力（单向）为每年 700 万～4 000 万人；

（3）悬浮和导向的电子控制较复杂；

（4）在静止状态仍保持悬浮，不需要车轮；

（5）由于牵引功率设备不在车上，所以车上有较大的使用空间；

（6）车上悬浮线圈沿车辆均匀分布，线路荷载小，且随着车速的升高，线路荷载增加不大；

（7）优越的选线参数（转弯半径小，爬坡能力强）；

（8）能耗低；

（9）噪声低；

（10）电磁场辐射可忽略不计；

（11）由于悬浮和导向的不稳定性，在功率电子和控制电子方面的耗费较大；

（12）列车环抱着线路，安全性能好。

二、日本 MLX 系统的特点

日本超高速磁浮铁路 MLX 系统采用电动悬浮（EDS）技术。

1. 技术特点

（1）磁浮列车速度超过大约 120 km/h 时，实现无接触的悬浮和导向；

（2）在 120 km/h 速度以下，依靠车轮支承和导向；

（3）通过无铁心的长定子同步直线电机实现牵引和正常的运行制动，采用空气芯铝线圈；

（4）混凝土结构的线路断面呈"U"字形，在侧壁的内侧安装用于悬浮、导向的"8"字形线圈和用于牵引的直线电机定子线圈；

（5）车辆的两端装有超导线圈，形成超导强磁体，当车速达到 120 km/h 以后，超导磁体产生的运动磁场在线路内侧的"8"字形线圈中感应出电流，感应电流与超导磁体的磁场相互作用，产生悬浮力和导向力，悬浮力和导向力不需要主动控制，列车的稳定悬浮气隙约 100 mm；

（6）在紧急情况下安全制动时，使用空气翼动力制动（较高速度时）、再生制动和车轮盘型制动；

（7）第一列磁浮列车上的 300 V 电网由车载的燃气轮发电机经蓄电池组缓冲后供电，之后的磁浮列车采用直线感应发电机对车载电网供电；

（8）列车运行由计算机全自动控制。

2．系统特点

（1）应用速度为 500～550 km/h；

（2）适合于超高速场合，因为在中低速下，悬浮力与涡流阻力损耗的比例不佳；

（3）车体质量较轻；

（4）由于线路呈"U"形，列车运行时，辐射噪声较低；

（5）悬浮和导向系统中，不需要对超导磁体进行反馈控制，但采用液氦对超导线圈制冷，低温超导体和制冷设备的能量耗费较大；

（6）由于涡流损耗，在中低速运行时，能耗相对较高；

（7）悬浮气隙较大，对导轨的加工精度要求较低；

（8）起动和制动时都需要带有车轮的运行装置；

（9）由于采用超导强磁铁及电动悬浮技术，系统原理决定了较高的电磁辐射；

（10）电动悬浮系统悬浮的一级抗振动阻尼较低，需要额外的措施来保证乘坐的舒适性。

三、悬浮系统及适用速度比较

悬浮原理不同，导致技术特征亦不同。

1．EDS 斥力型磁浮特征

EDS 斥力型磁浮铁路的特点是：列车运行速度等于零时不能静止悬浮，它依靠车辆上的磁体（超导磁体、永磁铁或常导线圈）在运动时切割线路上的导体（短路环、"8"字形线圈或导体板）产生感应电流，该电流产生的磁力线必然与产生它的磁力线相反，形成斥力。这类磁浮列车的垂直悬浮力和通过曲线时的横向导向力都是利用这个原理实现的，所以在静止时没有悬浮力和导向力。

磁浮铁路的车辆与线路有磁场耦合，在运动时必然会产生磁阻力。轮轨列车运行时有机械摩擦阻力，不存在磁阻力，机械摩擦阻力随着速度线性增加；而斥力型磁浮列车的磁阻力在低速时大，而在高速时随着速度增高而下降，这也就是斥力型磁浮列车适用于高速运行的一个原因。在磁浮铁路中，悬浮力（或导向力）与运行磁阻力的比值是一个重要指标。这个比值对于斥力型磁浮列车是随着速度提高而增大的。

从以上分析可以看出，斥力型磁浮列车适用于超高速，速度越高，悬浮力越大，磁阻力下降，效率提高。而在低速（如速度低于 120 km/h 时），不能产生足够的悬浮力使列车离开地面线路。因此这类斥力型磁浮铁路只适用于大城市间长距离高速运输，日本开发研制低温超导磁浮列车的目的是准备在东京到大阪 517 km 线路上应用。现在速度为 250 km/h 的轮轨高速约需 3 h，而采用速度 500 km/h 的磁浮列车 1 小时多就能跑完全程。另外，日本专家认为，日本是个多地震国家，不宜采用德国 TR 吸力型高速磁浮列车，因为常导吸力型磁浮列车的悬浮气隙仅 8～10 mm，精度要求太高。

2．EMS 吸力型磁浮特征

德国 TR 型磁浮列车的垂向悬浮力是由线路的同步电机铁心与车辆上同步电机的磁极之间形成气隙磁通产生的，驱动力（纵向牵引力）与垂向悬浮力两个系统合二为一，这也是德国 TR 磁浮铁路的优势所在。

与斥力型磁浮列车相同，吸力型磁浮列车在钢轨上运动时，也会产生运动磁阻力。因为车上磁体产生的磁力线，运动时在钢轨内会引起感应电流（涡流）而产生能耗，形成磁阻力。德国 TR 磁浮列车运行的磁阻力主要在导向钢板中产生涡流，而在垂向悬浮系统中，因为地面电机定子铁心是用矽钢片叠成的，涡流很小，磁阻力可忽略不计。

3．小　结

由上述分析可知，从磁浮铁路的悬浮特征、磁阻力特征来看，德国 EMS 型 TR 磁浮铁路的适用速度范围要宽一些，日本 EDS 型 MLX 磁浮铁路的适用速度要高一些。

四、主要技术特点比较

下面介绍德国常导超高速磁浮铁路 TR 与日本超导超高速磁浮铁路 MLX 系统的主要技术性能方面的比较，见表 4-4。

表 4-4　主要技术特点比较

项　目	德国 TR 系统	日本 MLX 系统
悬浮方式	电磁吸引式	侧壁电动式
悬浮气隙	8～10 mm	100 mm 以上
运行速度	高低均可	超高速
低速时悬浮状态	悬浮	车轮支承和导向
悬浮、导向控制	需闭环控制	不需控制，具有自稳定性
线路荷载分布	连续分散	相对集中
电磁铁的安全冗余	常导电磁铁有安全冗余	超导电磁铁无安全冗余
最高试验速度	450 km/h	552 km/h
最高应用速度	430 km/h	约 500 km/h
车内磁力线泄漏	几乎没有，对人体无碍	相对较强，但经测试对生物无害，使用心脏起搏器者不宜乘车
技术难点	精确控制技术	低温超导制冷技术
线路造价	较低	较高

1. 运行速度

TR 系统的最高试验速度和最高运营速度分别是 450 km/h 和 430 km/h，而 MLX 系统分别为 552 km/h 和 500 km/h。因此，从最高速度方面比较，MLX 系统优于 TR 系统。

2. 荷载分布

TR 车辆以均匀荷载的形式作用在线路结构上，MLX 车辆以相对集中的荷载形式作用在线路结构上。因此，TR 的荷载在车辆结构、线路结构中产生的内应力和相应的冲击系数小于 MLX 车辆。

3. 电磁铁

MLX 车辆需要复杂的车载低温冷却系统且要防止失超现象发生，而 TR 车辆采用常导技术，容易实现。不过 TR 系统需要多闭环控制悬浮系统，该系统是多因素的、随机的，难度大；MLX 则不需要，它本身具有稳定特性。

4. 长定子电机、制动系统比较

下面介绍两者在与控制有关的性能（包括直线电机、变电器、制动等内容）方面的不同，见表 4-5。

表 4-5　直线电机、制动系统比较

项　　目	德国 TR 系统	日本 MLX 系统
定子	长定子有铁心	长定子无铁心，空气芯铝线圈
驱动绕组	波形绕组	环形绕组
长定子开关站分段长度	300～2 000 m	456 m
长定子开关	机械式开关，无电流时开合	机械式开关，无电流时开合
悬浮线圈	长定子铁心用于悬浮	另设悬浮、导向共用的"8"字形感应线圈
供电方式	交-直-交供电（GTO）	交-直-交供电（GTO）
VVVF 逆变器容量	15 MV·A	南线 38 MV·A，北线 20 MV·A
变电站间距	20～50 km	50 km
正常制动方式	直线电机再生制动	再生制动、低速时车轮盘型制动
紧急制动	涡流制动	空气动力制动（高速时）车轮盘型制动（低速时）
紧急制动停车点	预定的有救援、疏散设施的停车点	任意位置，旅游从双线之间的通道疏散

5. 导轨结构

TR 车辆环抱 T 形导轨，MLX 车辆在 U 形导轨槽中运行，列车在这两种结构形式上运行都很安全，不会产生脱轨、翻车等事故。其中，MLX 的槽形结构有利于降低车辆的高度，进而在隧道地段有利于降低工程造价。另外，MLX 系统的道岔采用分段移动 U 形导轨槽技术，而 TR 系统的道岔采用连续弯曲连续钢梁技术。

6. 悬浮性能

运捷 TR 的悬浮高度约为 MLX 的 1/10，对轨面的平顺性要求高，控制悬浮气隙较难，抗振性能较差，且必须保证线路及轨道结构具有足够的高度，避免承载结构因车辆引起的弹性挠度过大而干扰气隙量的控制。MLX 系统由于采用感应电流使车辆悬浮，故车辆在低速运行时悬浮力很小，车辆需要车轮支承，而在 100～150 km/h 以上才有足够的悬浮力使得车辆悬浮起来。TR 车辆在静止或低速行驶时都能悬浮，所以不需要辅助支承，但这部分的耗电量会增加。

7. 电磁污染

为了降低超导强磁场辐射问题，MLX 车辆的超导磁铁设置在车厢两头底部的连接转向架上，远离乘客，在连接车厢的通道处采取了磁屏蔽措施。TR 系统的外泄磁场强度很低，不必采用特殊的屏蔽措施。两种车辆的磁场强度分别为 0.2 mT 和 0.1 mT，都不会对健康乘客造成危害。

8. 噪 声

1996 年开始试验的 MLX01-01、MLX01-02 车辆分别采用双重尖点（双尖交角）和流线型（航空模型）形状，产生的噪声比 TR07 系统车辆略低一些。当车速为 300 km/h 时，在距离线路 25 m、高度 1.2 m 处测量，MLX01 的噪声比 TR07 低 6 dB。自 2002 年开始，日本采用新型的 MLX01-901 车头，其流线特性更加突出，它所产生的噪声水平比 TR07 更低一些。

五、主要经济性能比较

1. 总投资及分项投资比较

德国柏林—汉堡磁浮铁路计划总投资 98 亿马克（1 马克约 10.791 元人民币），投资指标约为 3 360 万马克/km。其中，土建部分造价 61 亿马克，占总投资的 62.2%；机电、运行部分 28 亿马克，占总投资的 28.6%；车辆购置费为 9 亿马克，造价指标 7.25 万马克/辆，车辆部分造价仅占总投资的 9.2%。

东京至大阪间中央新干线总投资指标约 58 亿日元/km（1 日元约 0.06 元人民币），土建部分以线路及车站为主体。其中，线路造价总计 7 650 亿日元；车站 5 处共计 250 亿日元；土地购置费 8 600 亿日元。绕组、电路等电力电气设备费用按 18 亿日元/km 计算，全线共计 9 000 亿日元，占总投资的 30%；40 列 14 辆编组列车的费用：车辆造价约 8 亿日元/辆，车辆购置费总计 4 500 亿日元，占总投资的 15%。

由此看来，日本中央磁浮新干线投资指标约是德国柏林—汉堡磁浮铁路投资的 3 倍。

2. 磁浮铁路与轮轨高速铁路的投资比较

根据德国对实际交通项目的测算，当在平原地区修建高速铁路时，选用 TR 磁浮铁路的综合投资比选用 ICE 轮轨高速铁路高 20% ~ 30%；如线路主要通过中等山区，由于磁浮铁路选线更灵活、限制坡度更陡的原因，TR 系统综合造价与 ICE 相当或更低；考虑到 TR 运营费用低于轮轨铁路，所以从系统整个生命周期耗费来看，TR 应当优于 ICE。

东京至大阪间磁浮中央新干线的投资指标约 58 亿日元/km，与上越新干线不相上下，这与铁路工程专家及其他调研机构的估算结果大体相同。日本专家还根据山梨试验线总造价和新建的轮轨高速新干线建设投资对比，认为将来投入应用的超导磁浮铁路的造价可能比轮轨高 10% ~ 20%。由于日本 MLX 磁浮铁路采用 U 形导轨断面，降低了车厢地板高度，减少了车辆断面，从而有利于减少隧道断面和隧道工程数量，因此在山区采用 MLX 系统，其造价应该低于传统轮轨高速铁路造价。

因此可以认为，在平原地区，磁浮铁路造价比轮轨高速铁路高 10% ~ 30%；而在山区，磁浮铁路造价应该与轮轨高速铁路相当或低于轮轨高速铁路。综合来看，磁浮铁路造价并不比轮轨高速铁路造价有明显增加。

3. 占 地

在土地使用量方面，德国运捷 TR 线路由于均设置为高架或低置梁，并且由于使用 T 形梁，使得占地减少。TR 线路比日本 MLX 线路占地减少 10% ~ 15%。

4. 车体质量

在减轻自重降低能耗方面，MLX 车辆的起浮和落地系统以及超导装置和冷却系统质量要占车辆质量的相当比例。但超导线圈无铁心，车体较轻。MLX 磁浮列车第二编组（4 辆编组）空车总质量只有 75 t，座位 208 个，列车总长 101.9 m，平均每座 360 kg，平均每延米质量 740 kg。而 TR 车辆下每侧装有 8 条，两侧共有 16 条相当大的电磁铁，车体较重。TR07 四辆编组列车总重 192.8 t，座位数 336 个，列车总长 103.5 m，平均每座 570 kg，平均每延米质量 1.86 t。可见，MLX 车体质量比 TR 轻很多。MLX 每座位平均质量只为 TR 的 63%，每延米质量只为 TR 的 40%。

5. 能 耗

MLX 车辆通过超导线圈同时实现悬浮、驱动和导向 3 种功能，且车载超导线圈无铁心，只需很小的供电电流，所以耗电量很小。其耗电量主要用于地面定子绕组和维持液氢的超低温制冷用电，且在列车停站和低速行驶时依靠车轮实现支承和导向，此时在悬浮和导向方面不消耗电力。TR 车辆除了在驱动方面消耗电能之外，由于车辆在停站和低速行驶过程中始终处于悬浮状态，故与 MLX 系统相比，TR 系统增加了在悬浮和导向方面的能耗。

6. 养护维修

与轮轨系统铁路相比，磁浮铁路的养护维修工作量很小。MLX 的养护维修工作主要集中在支承、导向橡胶车轮的拆换方面；而 TR 系统则没有车轮磨耗，养护维修工作量就更少了。

六、结　论

综合对比分析日本电动悬浮 MLX 与德国电磁悬浮 TR 系统在技术、经济、环境三方面的性能，可以得出如下结论：

（1）MLX 系统造价高、超导技术难度大；TR 系统造价相对较低，虽然控制系统复杂、精确，但技术相对成熟，大部分零部件具有通用性，市场供应方便。

（2）MLX 系统车辆悬浮气隙较大，对轨面平整度要求较低，抗振性能好，速度快并且还有进一步提高速度的可能性，它还具有低速时不能悬浮的特点，因此更适合于大运量长距离、更高速度的客运。

（3）MLX 系统集当代超导技术、磁浮铁路技术等高新技术于一体，其发展将与相关高新技术产业的发展相辅相成，发展潜力巨大。

（4）MLX 与 TR 的噪声与能耗相近，MLX 车辆屏蔽后的电磁辐射与 TR 车辆相差不大。

（5）TR 线路占地和养护维修费用较少，但 MLX 隧道限界较小，隧道工程造价更低，在隧道较多的山区更具有优越性。

（6）关于适用速度范围，日本曾负责宫畸试验线超导磁浮车辆设计方案的西条教授认为，从经济和效率来看，在 500 km/h 以上速度运行时，日本电动悬浮（EDS）的磁浮铁路 MLX 优于德国电磁悬浮（EMS）的磁浮铁路 TR；在 300～500 km/h 的速度范围内运行时，电磁悬浮铁路比较优越；在 300 km/h 以下时，采用轮轨高速可能更好。

具体选用何种形式的轨道交通方式，主要取决于对运行速度和经济性的要求。

复习思考题

1. 什么是导轨驱动长定子直线电机斥力电动悬浮系统？
2. 什么是列车驱动短定子直线电机吸力电磁悬浮系统？
3. 什么是导轨驱动长定子直线电机吸力电磁悬浮系统？

4. 简要叙述德国常导超高速磁浮铁路的基本原理（悬浮原理、导向原理、驱动原理）。

5. 简要叙述运捷 07 "欧巴罗号" 的列车编组、车辆、悬浮架、二次悬挂系统、电气设备。

6. 简要叙述德国常导超高速磁浮铁路供电系统与运行控制系统。

7. 简要叙述德国 TR 磁浮交通系统的安全性能。

8. 简要对德国和日本的超高速磁浮铁路进行技术经济比较。

第五章　中国上海磁浮示范线

上海磁浮列车示范运营线又称上海磁浮铁路、上海磁浮列车示范线、上海磁浮商业运营线、上海磁浮高速列车工程等，简称上海磁浮示范线，是"十五"期间上海市交通发展的重大项目，建成后已成为世界上第一条投入商业化运营的线路，具有交通、展示、旅游观光等多重功能，为上海又营造了一条亮丽的风景线。

该工程项目大体分为车辆、控制、驱动（牵引供电）、线路（含轨道梁及土建工程）四大部分。该工程整个运行系统的设备，包括车辆、控制系统、驱动系统以及附属在轨道梁上的定子铁心和线圈电缆，全部由德方按成套设备方式供货。系统调试由德方负责；轨道梁在德方技术转让的基础上，由中方负责设计、制造；土建工程及设备安装由中方负责。

上海磁浮列车是常导磁吸型磁浮列车，是利用"异性相吸"原理设计的一种吸力悬浮系统，利用安装在列车两侧转向架上的悬浮电磁铁和铺设在轨道上的磁铁（实际上是线圈通电产生的磁场），在磁场作用下产生的吸力使车辆浮起来。车辆、控制部分均采用德国 TR技术（详见第四章）。本章主要介绍磁浮线路及沿线铁路建筑物方面的有关内容。

第一节　概　述

20 世纪 80 年代，因初步掌握了高速磁浮铁路技术而成竹在胸的德国人，对欧洲以外最有可能修建磁浮铁路的国家和地区进行了排序：① 美国和加拿大；② 东南亚；③ 日本；④ 澳大利亚；⑤ 苏联；⑥ 沙特阿拉伯；⑦ 中国；⑧ 南美国家。

然而， 20 多年后，在这份排序表中差一位垫底的中国却拔得头筹，甚至走到了磁浮铁路的"鼻祖"德国人的前面。2002 年 12 月 31 日，世界上首条高速磁浮商业运营线——上海磁浮线正式开通并投入试运营，中德两国总理参加了开通仪式并乘坐了首趟列车。

一、立项背景

1999 年，国家在进行京沪高速铁路可行性研究论证的过程中，部分专家提出：鉴于高速磁浮交通系统具有无接触运行、速度高、起动快、能耗低、环境影响小等诸多优点，同时考虑到德国的高速常导磁浮试验线已经经历了十余年的运行，累计安全运行里程超过 6 000 万千米，而且德国政府也已宣布高速磁浮交通系统技术已经成熟等

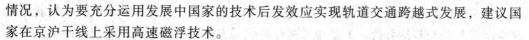

情况，认为要充分运用发展中国家的技术后发效应实现轨道交通跨越式发展，建议国家在京沪干线上采用高速磁浮技术。

与此同时，大部分铁路专家则提出了相反的意见，认为高速轮轨系统技术经过几十年的实践已经完全成熟，我国国内对高速轮轨系统技术的开发也已经取得了重大进展；尽管高速磁浮技术拥有诸多优点，世界上不少国家也都在开展研究，但均停留在试验阶段，缺乏商业化运行实践，它的技术性、安全性和经济性尚未得到进一步验证，相对高速轮轨系统技术，磁浮技术在技术上、经济上都存在着很大风险。

在论证过程中，两种意见一度相持不下，经过激烈的争论，专家们最终形成共识，建议先建设一段商业化运行示范线，以验证高速磁浮交通系统的成熟性、可用性、经济性和安全性。此建议得到了国务院领导的关注与支持，随即在对北京、上海、深圳三个地区进行比选后于 2000 年 6 月确定在上海建设。

二、工程简介

上海磁浮列车示范运营线项目，结合上海经济和社会发展的需要，确定线路西起浦东新区规划的地铁枢纽龙阳路车站，东至浦东国际机场，主要解决连接浦东国际机场和市区的大运量高速交通需要。正线全长 30 km，并附有 3.5 km 的辅助路线，双线上下行折返运行，设两个车站、两个牵引变电站、1 个运行控制中心（设在龙阳路车站内部）和 1 个维修中心。初期配置 3 套车底，共 15 节车，设计最高运行速度为 430 km/h，单向运行时间约 8 min，发车间隔为 10 min。

线路与上海地铁 2 号线平行向东，跨越新建的罗山路后，在罗山路东侧绿化带外侧边缘往南，分别跨越高科路、张衡路，一直到川杨河，过了川杨河以大半径曲线由北向东转，连接到迎宾大道。在迎宾大道北侧道路红线以外的规划绿地之中与迎宾大道并行向东，先后上跨申江路、外环线、华东路等主要道路，然后下穿迎宾立交，沿浦东国际机场主进场路的中间分隔带直抵机场的候机楼。沿线经过浦东新区的花木、张江、孙桥、黄楼、川沙、机场等镇及南汇区的康桥开发区。线路基本走向见图 5-1。

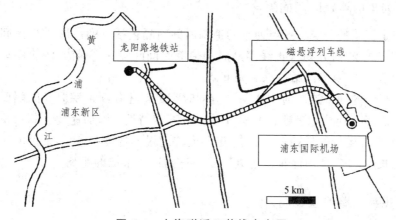

图 5-1 上海磁浮示范线走向图

由于磁浮线路及轨道梁的设计、制造技术（线路设计理论与计算软件、混凝土钢复合梁设计理论与计算软件）是德方多年研究的专有技术，德国政府为帮助中方掌握磁浮线路的选线和轨道梁建造技术，先后两次提供赠款，用于技术转让费的支付。

磁浮轨道梁既是承载列车的承重结构，又是列车运行的导向结构，其制造的精度要求极高，梁体的加工和组装都必须在恒温车间进行。为了生产、加工磁浮轨道梁，特在浦东新区建立了磁浮轨道梁生产基地。

三、速度目标值

一条线路的速度目标值的选择，应考虑技术上可行，经济上合理；应与世界先进水平相适应，也与经济发展水平相适应；应考虑在综合交通运输体系中的竞争能力等诸多因素。磁浮列车的最大特点就是消除了传统的轮轨摩擦，因而能体现高速度、起动快、爬坡能力大等诸多优点。磁浮列车行车速度取决于列车的牵引能力（牵引加速度）、所受到的空气阻力（与车体形状有关）以及线路设计的各项参数。上海磁浮示范线的历史使命是为中国高速客运交通的模式选择提供可借鉴的经验，因此，它的速度应取较高的目标值，即列车商业运行最高速度为 430 km/h；列车示范运行最高速度为 505 km/h。

四、运输能力

磁浮列车的运输能力与每辆车的定员、列车编组、发车间隔以及每天可以发送列车的时间有关。轨道交通系统的运输能力一般受车站分布或闭塞分区控制，即由运行图周期或列车追踪时间决定。同样，磁浮系统的变电站间距、运营速度、列车在车站区的运行方式和停站时间等对磁浮系统的列车最小追踪时间具有决定性的影响。这里所提的车站区运行方式，是指列车进出站时的速度限制，它对列车之间的允许时间间隔和旅行时间具有重要影响。

（一）列车的追踪时间间隔

根据安全行车的要求，磁浮列车的追踪时间间隔包括下列情形：① 区间列车最小追踪时间间隔；② 前方列车正线停站时的追踪时间间隔；③ 前方侧线停车时的列车追踪时间间隔；④ 列车出站追踪时间间隔。

实际运行中的列车追踪时间间隔，应同时满足上述各项追踪时间间隔要求。追踪时间间隔取决于下列技术参数：① 列车加速和减速特性，即加速度和制动减速度限制值；② 列车正常运行的最高速度；③ 道岔允许通过的速度；④ 车站供电区段和区间供电区段的长度；⑤ 站内停车位置处车头距进站道岔末端的距离。

（二）磁浮铁路的通过能力

铁路通过能力为每天通过特定断面的列车对数或列数。对于高速客运专线，为保证旅行速度，一般都采用双线，通过能力为每天每方向能够通过的列车数，按下式计算：

$$N = T_{实运}/\tau$$

式中，N 为通过能力；$T_{实运}$ 为每天实际用于行车的时间；τ 为列车运行的追踪时间间隔。

1. $T_{实运}$

对于高速客运专线，$T_{实运}$ 受两个因素的影响。一是具有商业运营价值的时间，即适应市场需求，满足旅客交通需要的时间。在高速客运系统中，一般旅程均能在数小时内完成，乘客无须在车上过夜，因此人们都愿意在白天旅行。通常情况下，一天之内具有商业运营价值的时段是 7:00~22:00。为了使整个旅行过程处于这个时期，断面通过能力计算中采用的 $T_{实运}$ 实际范围将小于 7:00~22:00。二是系统技术条件所约束的允许运行时间。由于系统需要进行线路、供电系统及其他运营设备的维护和检修，故一天之内需扣除若干时间用于各种固定设备和移动设备的检修。根据目前国外已运行的轮轨高速列车的经验，技术维护完全可以在不具商业运营价值的夜间进行。磁浮交通系统各组成部分的状态主要采用电子技术进行监测，发现出现问题的部件则迅速更换其所在的模块，因此维护所需时间更短，不会占用具有商业运营价值的时间。

2. τ 值

从磁浮铁路的技术条件来看，列车追踪间隔主要受供电站间距和列车制动安全保障的影响。具体实际线路的 τ 值将根据运输需求情况，经技术经济分析后确定。德国 TR 磁浮系统资料给出的理论最小追踪时间为 2.5 min，推荐的最小追踪时间为 5 min。

3. 输送能力

输送能力是交通系统设计中最重要的指标。在通过能力一定的条件下，输送能力取决于列车编组辆数和每辆车的载客能力。

在高速客运系统设计中，需要从市场需求出发，尽可能缩短旅客"门到门"的旅行时间，故一般遵循小编组、高密度的原则。目前已成熟的常导高速磁浮系统是在德国开发的，较多地考虑了德国乃至欧洲的人文社会环境，认为 10 辆编组已经足以满足市场的需要，所以 TR 磁浮系统目前是以 10 辆作为最大编组。

反映磁浮铁路输送能力的另一个重要因素是每辆车的定员，磁浮列车车体较宽，可以设置比轮轨高速车辆更多的座位。德国 TR08 磁浮车辆内宽 3.43 m，座位编排为一等舱 4 座/排，经济舱 6 座/排。

还有一种观点认为，在交通系统设计中，旅行时间较短时可适当降低对乘坐空间大小的要求，如在速度较高的飞机上，人均占有的座席空间就小于轮轨高速铁路的相应值。按此推理，磁浮列车因速度较高而可以显著缩短旅行的时间，故相应可以适当加密座位。这在不增加列车长度的情况下，将增加约 10% 的定员。

实际运行中，由于列车可能采用不同的停站方案，将导致列车的越行，从而产生通过能力扣除问题，实际运输能力将小于平行图运输能力。由于高速磁浮列车运行速度比较一致，扣除系数较小。

4．上海磁浮线设计能力

按设计水平，9 节车厢可坐乘客 959 人，每小时发车 12 列，按每天运行 18 h 计，每天客流量为 4 万人左右，年客运量可达 1.5 亿人次。初期引进德国常导长定子超高速型的最新磁悬浮列车 3 列，其中两列运营。

五、环境保护措施

针对磁浮系统所产生的环境影响，可以从设计上采取措施，尽量予以减轻。

1．噪声影响防治

根据噪声水平叠加原理：同时存在两种以上的噪声源时，噪声水平的叠加值与各噪声源声平值之和的对数成正比，因此，在选线阶段，可根据沿线的声环境情况，使磁浮系统线路尽量与其他噪声源接近，从而显著地降低磁浮系统所产生的噪声负荷。

在线路设计中，合理控制线路与噪声敏感目标的距离，以免列车速度受限。

在技术设计中，可根据环境影响评价大纲设定沿线主要环境影响敏感目标，在线路两侧设置声屏障，以确保环境敏感目标的声环境质量达标。

2．电磁辐射影响控制措施

沿线设备设置良好的接地，并在穿越敏感目标区域的路段加大密度设置接地设施。建设项目的变电站、开关站，采用钢筋混凝土结构，窗户玻璃夹衬金属丝网、主变压器外壳采取良好的接地措施。同时，确保规划红线控制距离，以此减缓磁浮列车在运营中对轨道两侧目标的电磁辐射影响。

3．其他防治措施

对于水污染、固体废弃物等环境污染的问题，磁浮列车并不产生有别于现有各种交通工具（尤其是轮轨铁路）的污染物排放，故可采用常规交通环境保护措施。

4．对视觉环境及景观的保护

磁浮铁路与其他现代工业产品一样，在对视觉环境和景观的影响方面具有两重性：一方面，它作为现代高科技的产物，能够展示人类技术进步的成果，创造出人文景观；另一方面，随着现代工业文明对自然环境的一再破坏，人们更加崇尚自然界的原始美，故应尽量避免对地表的改变，减少水土流失。

六、上海磁浮列车建设工程进展大事记

2000 年 6 月 30 日，中德两国政府正式签订双方合作开展上海磁浮列车示范运营线项目可行性研究的协议。

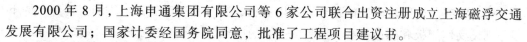

2000 年 8 月，上海申通集团有限公司等 6 家公司联合出资注册成立上海磁浮交通发展有限公司；国家计委经国务院同意，批准了工程项目建议书。

2000 年 10 月，上海市委、市政府批准成立上海磁浮列车工程指挥部。

2000 年 11 月 20 日，中德双方如期合作编制完成工程可行性研究报告，同月由市计委上报国家计委审批。

与此同时，中方开始与德方联合体（由西门子公司、蒂森克虏伯、磁浮国际公司组成）进行设备供贷和服务合同谈判。

2001 年 1 月，上海磁浮快速列车工程项目启动，上海磁浮快速工程设备供贷及服务合同在沪正式签署。

2001 年 3 月，上海磁浮列车示范运营线工程在浦东新区正式开工。

2001 年 7 月，重达 70 多吨的上海磁浮列车工程首根轨道梁"出炉"，这也是我国自行设计和生产的首根中心受压预应力混凝土梁。

2001 年 8 月，首批上海磁浮列车设备自德国汉堡起程，安全抵达上海港，其中包括约 1 000 km 长的定子线圈电缆。同月，磁浮列车工程的第一根大梁在浦东造梁基地顺利装车，运往浦东国际机场的磁浮列车维修基地。

2001 年 9 月，上海磁浮工程进入技术攻坚关键性阶段。

2001 年 11 月，上海磁浮列车工程龙阳路站架梁成功，标志着磁浮工程取得重大进展。

2002 年 3 月，世界首条磁浮列车商运线在沪全线贯通，从上海市区到浦东国际机场只需 7 min，将在第二年初变成现实。

2002 年 7 月，上海磁浮快速列车轨道梁制作提前完成，工程建设又获重要进展，关键部件轨道梁的生产全部到位。

2002 年 8 月，磁浮列车首批三节车厢运抵上海，并运往磁浮工程维修基地组装、调试。同月，磁浮列车开始安装磁铁模块。

2002 年 9 月 5 日，上海磁浮工程实现了轨道梁全线贯通。

2002 年 12 月 31 日，上海磁浮列车开始试运行。

2003 年 1 月—2 月，上海磁浮列车示范性运行。

2003 年 5 月，上海磁浮列车 A 线轨道运行速度达到 430 km/h。

2003 年 8 月，上海磁浮列车完成系统调试。

2003 年 10 月—11 月，上海磁浮列车进行安全论证，并达到世界纪录的运行速度 501 km/h。

七、上海磁浮示范线磁浮列车的工作原理

中国第一条磁浮列车示范运营线——上海磁浮列车是"常导磁吸型"（简称"常导型"）磁浮列车，是利用"异性相吸"原理设计的一种吸力悬浮系统，利用安装在列车两侧转向架上的悬浮电磁铁和铺设在轨道上的磁铁，在磁场作用下产生的吸力使车辆浮起来。

列车底部及两侧转向架的顶部安装电磁铁，在"工"字轨的上方和上臂部分的下方分别设反作用板和感应钢板，控制电磁铁的电流，使电磁铁和轨道间保持 10 mm 的间隙，使转向架和列车间的吸引力与列车重力相互平衡，利用磁铁吸引力将列车浮起 10 mm 左右，使列车悬浮在轨道上运行。这必须精确控制电磁铁的电流。

悬浮列车的驱动和同步直线电动机原理一模一样。通俗说，在位于轨道两侧的线圈里流动的交流电，能将线圈变成电磁体，由于它与列车上的电磁体的相互作用，使列车开动。

列车头部的电磁体 N 极被安装在靠前一点的轨道上的电磁体 S 极所吸引，同时又被安装在轨道上稍后一点的电磁体 N 极所排斥。列车前进时，线圈里流动的电流方向就反过来，即原来的 S 极变成 N 极，N 极变成 S 极，循环交替，列车就向前运行。

稳定性由导向系统来控制。"常导型磁吸式"导向系统，是在列车侧面安装一组专门用于导向的电磁铁。列车发生左右偏移时，列车上的导向电磁铁与导向轨的侧面相互作用，产生排斥力，使车辆恢复正常位置。列车如运行在曲线或坡道上时，控制系统通过对导向磁铁中的电流进行控制，达到控制运行的目的。

第二节　线路设计

本节主要介绍上海磁浮示范线设计的内容，包括限界、线间距及线路平、纵、横断面的设计。

一、线路主要特点

由于磁浮列车系统车辆与轨道之间的无接触、无磨损的支承和导向，无接触的牵引和制动特性，对线路的曲线半径和爬坡能力有了极大改善，为线路的选线提供了较大的灵活性。

首先，转弯半径小。在曲线地段，为平衡侧向自由加速度，不论是公路还是铁路，均设置横坡（超高）。速度越快，半径越小，横坡值要求越大。由于不存在轮轨接触，不会脱轨，磁浮列车在高速时也不会对轨道造成磨损，因此，有可能采用较大的横坡；缓和曲线和横坡的线形采用正弦曲线，其线形变化是圆顺的，动力学特性较佳，不产生突变点，而且其横坡角度变化完全以舒适度作为控制，不再受脱轨控制。

其次，爬坡能力强。列车在坡道上运行时，除其他阻力外，会增加一个沿坡道向下的重力分力。坡度越陡，载客越多，重力分力越大，机车牵引能力要求越高。法国 TGV 的最大坡度是 35‰。磁浮列车的牵引能力和轨道上供电能力较强，再加上没有轮轨黏着限制，列车的爬坡能力可达 100‰。

二、限界和线间距

为了确保列车在线路上运行的安全，防止列车撞击邻近的建筑物或设备，每条线路都必须保持一定的空间，这个空间的轮廓线便是限界。

磁浮线路的限界划分为三个层次：列车运行动态边界、固定设施边界和净空包络限界。

1. 限界图

直线区间地段的限界图、有横坡角地段限界、无横坡角地段限界值要遵循有关要求。当线路有横坡角 α 时，其限界要进行加宽。

2. 线间距

磁浮线路的线间距如表 5-1 所示。

表 5-1　线间距表

速度 / (km/h)	≤500	≤400	≤300
线间距/m	5.1	4.8	4.4

三、线路平面

该运营线除了浦东国际机场景观水池到机场站一段为地面线外，其余均为高架线路。全线有高架桥墩（台）1 554 座。一般地段轨道离地面的高度为 12 ~ 13 m。

1. 曲线半径

根据市政规划要求，该磁浮线路的走向必须避开张江高科技园区，这就意味着一辆如此快速的列车不可能实现直线行驶，线路有 2/3 为弯道。经过精密测算，设计人员为它"定制"了一条成正弦曲线走向的路线，即使列车在拐弯处，也不用降低车速。

两条直线之间需要圆曲线连接，而圆曲线的半径对列车的通过速度起了很大的制约作用，圆曲线半径当然越大越好，而实际上线路受地物地形等因素影响，总是在保证线路速度目标值的前提下，选择一个比较经济合理的曲线半径，根据线路所处地段的地形地物、允许侧向加速度标准及行车速度，确定的极限最小圆曲线半径见表 5-2。

表 5-2　极限最小圆曲线半径　　　　　　　　　　　m

行车速度 / (km/h)	自由侧向加速度	
	一般地段 1.0 m/s^2	困难地段 1.25 m/s^2
100	509	437
200	994	918
300	2 235	2 065
400	3 973	3 671
430	4 591	4 242
505	6 333	5 736

2. 缓和曲线

为保证列车运行的平顺，在直线与圆曲线之间要设置缓和曲线连接。公路的缓和曲线线形一般采用回旋曲线，铁路的缓和曲线线形一般采用三次抛物线，它们的特点是线形简单、维护容易。磁浮线路的平面缓和曲线采用一正弦曲线，它的线形平顺，动力学特性好，因而磁浮线路一经建成，维护工作量极少。由于正弦曲线的曲率过渡非常平顺，因此，相邻两曲线的两个缓和曲线可以直接相连。

同圆曲线半径一样，缓和曲线也需要在保证速度目标值的前提下，选择比较经济合理的长度；根据线路允许最大侧向冲击、扭转率和法向冲击等指标，对应各种速度和曲线半径确定。

3. 线路构成与特征

上海磁浮示范线由三部分构成：一是正线，即 A 线、B 线；二是车辆维修基地维修线和进出线，即 C 线、D 线、E 线；三是渡线，即 F 线、H 线和 G 线。F 线和 H 线各有两跨 24 m 的标准梁，G 线为道岔直接相连，见图 5-2。

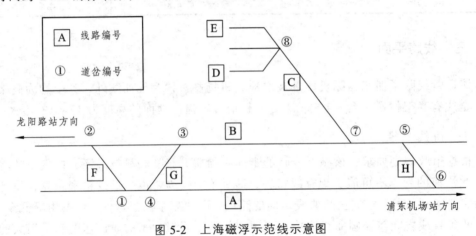

图 5-2　上海磁浮示范线示意图

四、线路纵断面

线路纵断面也是由直线、圆曲线和缓和曲线组成的。

1. 限制坡度

磁浮列车特点之一是它的爬坡能力强，在线路区间范围内（非辅助停车区），它的纵坡可达到 100%。在车站、停车场及辅助停车区，坡度一般不大于 5%。在困难条件下，经过批准也可采用不大于 5% 的纵坡度。

2. 竖曲线

竖曲线的半径是根据列车的速度和舒适度要求来决定的。

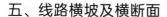

五、线路横坡及横断面

在线路曲线区段，为了平衡列车运行时的部分侧向加速度，轨道梁须设置超高。在直线区段，为了便于排水，轨道梁设置排水横坡。

在缓和曲线区段以及其他线路横坡角有变化的区段，其横坡角的变化按照正弦曲线规律变化，该区段轨道梁的表面在空间呈现为一个扭曲的空间曲面。超高缓和段的长度要保证横坡角扭转率不超限。

1. 横坡设计参数

在线路区间，轨道梁的最大横坡为 12°；在车站，横坡角不大于 3°；在道岔范围，横坡角为 0°。

线路超高横坡角缓和曲线采用正弦曲线，旋转轴为线路中心线。超高横坡缓和曲线范围一般与线路平面缓和曲线相对应，特殊情况也可以延伸至平面曲率为常数的路段上。

因舒适度要求，线路超高的变化是渐变的过程。线路轨道每米的扭转角度称为扭转率。

2. 横坡设计

线路横坡设计除了在直线区段按规定设置排水坡之外，主要是根据列车运行舒适度的要求确定曲线区段线路的横坡角（轨面超高）。

在进行线路横坡角设计时，重点要解决好线路排水坡与线路曲线区段超高横坡的连接问题。当线路排水坡与线路曲线区段超高横坡是同向时，线路排水坡就是线路曲线区段超高横坡的起点坡；当线路排水坡与线路曲线区段超高横坡是反向时，那么应在线路曲线起点前 20 m 处作为线路排水坡的终点，而线路曲线起点的横坡角为零。

第三节 轨道结构

轨道结构是磁浮工程的关键部分。上海磁浮示范线共生产了 2 551 根轨道梁。轨道梁主要为箱形梁，呈"工"字形，顶宽 1.78 m，底宽 3 m，高 2.2 m。

全线轨道梁共有 5 种不同长度、1 000 多种规格。在预应力达到 1 800 t 的台座上，采用严格的制作工艺要求，一根长达 25 m 的轨道梁构件几何尺寸平面误差不许超过 2 mm。该轨道梁对收缩、徐变性能要求也极高，是当今混凝土行业的顶级产品。

施工中对轨道梁加工要求严格。轨道梁在承重后，梁与梁之间的变形误差不能超过 5 mm，这个设计误差不到铁路的 1/6；轨道梁上的长定子在钻孔后装上去，整个线路需打 28 万个钉孔，定子铁心的组装误差不能超过 ± 0.2 mm，精确度相当高。

铺设完成后的轨道梁及在其上运行的列车见图 5-3。

图 5-3　轨道梁及车辆

一、轨道结构的基本形式

20 世纪 80 年代，德国在埃姆斯兰建造了一条磁浮列车试验线，该试验线上对多种形式的轨道结构进行了开发与研究。之后，德国又进行了柏林至汉堡磁浮列车商业运营线的可行性研究，对线路在不同地形、地貌及地物条件下可能采用的轨道结构进行了研究，提出了多种新型轨道结构，可分为以下几种基本形式：

1. 一般路段轨道结构

一般路段轨道结构可分为两种，即低置轨道结构及高架轨道结构。

（1）低置轨道结构就是建造在平地上或基本上贴着地面建造的轨道结构，轨道顶面距地面高度为 1.35 ~ 3.5 m。

（2）高架轨道结构就是架设在空中的轨道结构，轨道顶面至地面的高度为 2.2 ~ 20 m。

2. 特殊节点轨道结构

特殊节点指线路沿线所遇常规高架轨道结构无法跨越的河流、公路、铁路及立交等构筑物节点。特殊节点轨道结构有两种：桥上轨道梁和隧道结构。

（1）桥上轨道梁就是将一般路段上采用的轨道梁架设在桥梁结构上。德国有关磁浮系统技术标准将轨道梁下的桥梁结构称作基本承载结构，轨道梁采用 6.192 m 长的 Ⅲ 形梁，建议该种形式使用在轨面高度大于 20 m 的线路中。

（2）隧道结构就是线路在穿越大江大河或山岭等特殊地段时建造的隧道结构，隧道内架设轨道梁，德国的磁浮系统技术标准建议采用 6.192 m 长的 Ⅲ 形梁。

二、轨道梁

由于磁浮列车与轨道梁之间耦合工作的特点，线路系统对轨道梁提出了非常严格

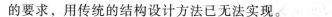

的要求，用传统的结构设计方法已无法实现。

在德国 TVE 试验线上，德方试用过许多结构形式的轨道梁。但是，真正有可能符合技术要求的却只有极少的 2~3 种。其中，跨度 25~31 m 的双跨钢梁技术上能完全满足系统要求，但加工制造却必须使用六坐标铣镗床，该机床价格昂贵且难以购买；全线使用钢结构，也不符合我国国情，只得放弃。另一种 6 m 的轨道梁，虽加工较易，亦可使用钢筋混凝土结构，却又必须有良好的地基，使用场合极为有限。唯一有参考价值的预应力钢筋混凝土复合梁，德国仅有一根双跨直线梁的试验结果，加工工艺和计算理论均需进一步完善。

下面就上海示范线研究开发的各种轨道梁做简要介绍。

1. 预应力钢筋混凝土复合梁

预应力钢筋混凝土复合梁是由功能区钢结构（简称功能件）与预应力混凝土通过连接件复合成的轨道梁。预应力混凝土梁设计、制造时均按零挠度控制，以确保梁体混凝土发生收缩、徐变后仍能保持直线状态。然后用特殊的五坐标双铣镗床系统对连接件的连接面及螺栓孔、定位销孔进行整梁机加工。最后用特制的功能件拟合成所需曲面。

为减少轨道梁长度种类及简化功能件、定子铁心布置，线路内外侧轨道梁采用等跨布置，标准跨径为 12.384 m、24.768 m（空间线路轴线长度）。在线路曲线段，由于外侧线路长度大于内侧线路长度，按功能件长度模数（3.096 m）确定非跨径，如 18.576 m、21.672 m。在线路遇到横向道路、立交、河流等位置，也采用上述非标跨径与标准跨径组合调整孔跨位置，以满足横向构筑物界限及河流通航要求。

预应力钢筋混凝土复合梁是在德国技术转让的基础上优化和创新产生的，主要构造特点为：① 主体结构预应力混凝土梁采用直线布置，断面根据横坡角整体倾斜，支座处设水平垫块，支座水平设置；② 功能件系统长度为 3.096 m，采用直线布置，连接件按空间位置预理，不设预拱；③ 预应力混凝土梁的预应力，在先张法的基础上，再做两次后张预应力，并预留了设置体外预应力钢筋的可能，使轨道梁线形在线路运营后仍可根据需要调整；④ 复合梁在制造安装阶段均为简支梁，精确定位后利用简支梁连续构造转变为双跨连续梁。

2. 钢复合梁

钢复合梁是由功能件与钢梁通过连接件连接复合成的轨道梁。其构造与预应力钢筋混凝土复合梁类似。

为了试验研究，选择在上海磁浮线路中部列车运行速度 430 km/h 的位置设计了一根 2×24.78 m 的双跨连续钢复合梁。钢复合梁为直线梁，采用单箱单室断面，顶板设双向排水坡。

功能件采用与预应力钢筋混凝土复合梁相同的形式。连接件采用钢结构，使用材料与钢梁相同（S355N），并设计为一整体。

3. 桥上轨道梁

桥上轨道梁为双层组合式结构，由上层轨道梁、下层桥梁结构及上下层连接结构组成。上层轨道梁一般采用 6.192 m 的板梁；下层桥梁结构根据所需跨径、地形地质及施工条件确定结构形式，可采用梁式、拱式或斜拉桥等桥型；连接结构是上下层结构间的传力构件，采用钢结构。

4. 维修基地钢梁

维修基地钢梁为磁浮列车提供检修平台，由功能件及支承横梁等组成。维修基地钢梁除构造上应满足列车检修时所需传感器定位的要求外，同时还必须满足与主线轨道梁相同的各项技术要求，如动力性能、变形要求及操作限界等。上海磁浮线维修钢梁采用整体框架式结构，共有 3 种基本类型：3.096 m 可移动钢梁、3.096 m 和 6.192 m 固定式钢梁。

5. 可调支座

由于轨道结构的自重较大，在软土地基上建造的下部承重结构又不可避免地产生一定沉降。对于高速磁浮交通系统来说，必须限制相邻两支墩之间的不均匀沉降引起的上部轨道结构移位。一种可行的方法是，在相邻支墩之间的沉降差超限后，通过支座位置的调节来达到消除偏差的目的。为此，上海磁浮交通发展有限公司牵头研制了多种三向无级可调支座（见图 5-4），较好地解决了这一问题。

图 5-4　可调支座

三、道　岔

与常见的铁路道岔相比，相同侧向过岔速度下的道岔长度相差不大。区别较大的是：铁路道岔只动尖轨和心轨，基本轨保持不动，而磁浮道岔则是整个轨道梁一起移动。磁浮道岔实际上是一根可连续弹性弯曲的钢梁，由液压或电动机械驱动道岔钢梁从直股转换到侧股，低速道岔的钢梁下共设置 6 个墩柱，其中 0 号墩柱上设置道岔基座，1～5 号墩柱上设置了作用在基础底板上的道岔移动横梁，可以使道岔沿横梁向固定滑轨移动。除 0 号墩柱外，其余支座上均设置定位和锁定装置，以保证道岔钢梁可以弯曲到设计的位置。

道岔在线形上采用直线-回旋曲线-圆曲线-回旋曲线-直线组成的平面组合来拟合道岔钢梁的弯曲曲线。道岔之所以采用回旋曲线，是为了缩短整个道岔的长度。

为避免钢梁的扭转，道岔上不设置横坡。道岔范围内不允许设置竖曲线。为满足舒适度的要求，除渡线外，在侧向过岔后的线路上应设置一段运行时间不小于 2 s 的直线段。道岔允许的最大驱动和制动加速度为 1.5 m/s²。道岔允许的最大自由侧向加速度为 2.0 m/s²。

上海磁浮示范线共设置 8 组低速道岔，其中 1 组是三开道岔。道岔均为电动机械驱动，道岔移动一次的时间约 28 s，如图 5-5 所示。

图 5-5 上海磁悬浮线路道岔

四、轨道功能区

轨道结构起将轨道设备安装在轨道梁上的作用。轨道设备的主要部分是轨道功能区，位于轨道结构的顶部两侧。轨道功能区有 3 个工作面，包括顶板滑行轨面、两侧磁性导向板面及定子铁心底面。

定子铁心底面，也称为定子面，是长定子直线同步电机的组成部分。电机的定子沿整个线路铺设，电机的转子安装在车上。列车的牵引和制动，由地面固定设备调节频率、电压、电流及相位角，通过长定子直线同步电机来实施控制。磁性导向板面，也称侧面导向轨面，起控制列车方向的作用。滑行轨面，起在车站或辅助停车区等停车区域支承落下列车的作用。

五、线路轨道的精度要求

磁浮列车运行时悬浮电磁铁和导向电磁铁与线路功能面之间的平均距离保持在10 mm 左右，为保证列车在高速运行时的安全性和舒适性，磁浮列车系统对轨道提出了较高的设计及制造要求。

1. 轨道结构力学性能方面的要求

（1）结构刚度要求。系统要求轨道结构在列车载荷、外界环境影响（如温度变化、风力等）作用时，其变形和挠度控制在很小范围内。如要求单跨简支轨道梁在静车载作用下的跨中挠度小于 $L/4\,800$（L 为简支梁跨径），而公路及铁路的一般要求小于 $L/600 \sim L/800$。

（2）结构动力性能要求。为减少轨道结构在列车运行时的动力反应（振动），系统对轨道结构的动力性能有严格的限制，轨道梁的一阶自振频率必须大于 1.1 倍的列车运行速度与轨道梁跨之比。

2. 轨道功能区制造精度要求

磁浮列车系统对轨道功能区提出了严格的制造精度要求，对 3 个功能面的制造安装精度都要求在 1 mm 以内。系统对轨道功能区的精度要求直接影响轨道结构的设计制造要求，如轨道梁采用预应力混凝土梁时，混凝土收缩、徐变等引起轨道梁跨中竖向变形须控制在 1 mm 以内。

（1）功能面的几何公差主要包括两个方面：一是可直接测量的公差，如位置偏差、相互之间的错位、相互之间的间隙、轨道宽度、钳距等；二是根据测量的数据，进行一定的加工计算得出的公差，如长波误差、短波误差、坡度变化指标等。

（2）间隙。

① 定子铁心之间的允许间隙：同一梁跨内相邻功能件之间定子间隙 2.5 ~ 5.0 mm；相邻梁跨之间定子间隙 90 ~ 100 mm。

② 功能件之间的允许间隙：同一梁跨内功能件间隙 5.5 ~ 12.5 mm；相邻梁跨之间功能件间隙 55 ~ 70 mm。

（3）坡度变化指标（NGK）。

坡度变化指标（NGK）的定义是每 1 m 长的功能面相对于相邻的 1 m 长功能面的倾斜度的偏差值，用以控制各功能面的平顺变化，这是一项非常重要的指标。其中以定子面要求最高，其最大绝对值为 1.5 mm/m；滑行轨面要求最低，其最大允许值为 3.0 mm/m。

（4）长波误差和短波误差。长波误差是拟合位置与理论位置比较的差值，短波误差是拟合位置与实测位置比较的差值。这两个误差保证实测值、拟合曲线值、理论位置之间的差值在一定的范围内。

3. 线路空间位置误差

轨道梁的定位精度除了要满足前面所限定的梁间功能面相对关系精度外，还要满足下列相对于空间曲线和线路桩位理论位置的安装公差要求：① x 方向：±1 mm（参考位置为固定支座轴线）；② y 方向：±1 mm（参考位置为距固定支座轴线 100 mm 处两侧侧面导向轨中心）；③ z 方向：±1 mm（参考位置为距固定支座轴线 100 mm 处定子底面中心）。

六、安全设施

磁浮铁路沿线各装有 25 m 宽的隔离网，列车上下均设置了防护措施，既避免各类物体落入轨道影响行驶，也防止车上有物品砸向地面。

磁浮列车还按飞机的防火标准配置了消防设施。为了防止磁浮列车高速运行时对行驶在高架道路上的机动车产生影响，在高架道路的内侧栏杆处还安装了防眩板。

第四节　车站与维修基地

上海磁浮示范线的车站设计独特。车站外形设计新颖，具有现代气息，为上海浦东地区又增添了新的景观。车站内设施先进、功能齐全。上海磁浮示范线只设两个车站，即龙阳路站和浦东机场站。

一、龙阳路站

龙阳路站位于地铁车站的南广场，站中心处线路中线距离地铁站房约为 38 m。线路中线与地铁站房主轴线有一小的偏角。车站处的设计轨面标高为 17.0 m。

龙阳路站因地形的限制，采用前折返的运行方式。考虑到列车运行间隔与站台的布置形式，采用岛、侧组合式站台。按结构需要，两线间距为 12.080 5 m，这样实际的站台宽度为 8.28 m。同时，两侧各设宽为 7.0 m 的侧式站台。从运行组织上可以通过不同站台的发车来提高其通过能力。

二、浦东机场站

浦东机场站的站位中心正对候机楼的中央廊道。候机楼全长 400 m，在其上方已建有 3 个廊道。而本线路设计的站台长度为 210 m，考虑站房上方开发的需要，车站中心位于中间廊道中心以北 100 m 处，把后折返道岔区设置在候机楼南侧。而线路标高已考虑廊道的标高，使站厅层能与廊道水平连接。浦东机场站的中心在候机楼的中央廊道中线以北 100 m。本站采用站后折返方式。为了设置一条渡线，在站台南将线间距由 5.1 m 扩大到 7.4 m。同时，为了运行组织与停放车辆的方便，站后设两条折返线。折返线的有效长度按 8 辆编组计算并设 30 m 的安全距离，全场为 240 m。

三、辅助停车区

列车运行中一旦发生故障而停车时，依靠列车的惯性和车载安全制动器的控制使它停到指定区段，以便能够给列车充电并重新浮起，该区段即为辅助停车区。辅助停

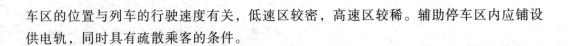

车区的位置与列车的行驶速度有关，低速区较密，高速区较稀。辅助停车区内应铺设供电轨，同时具有疏散乘客的条件。

四、维修基地

磁浮列车的车辆、牵引供电系统、运行控制系统、基础通信系统、轨道结构之间始终保持相互联系、相互影响、相互制约。车辆、轨道的运行及工作状况通过列车配置的监测设备自动检测，并自动传递至维护管理系统（MMS）；牵引供电系统、运行控制系统的运行及工作状况通过自身的诊断子系统进行监测记录，同时自动传递至维护管理系统。因此，磁浮系统设备检测的自动化程度高，其维护工作相对较少。

车辆、牵引供电系统、运行控制系统的维修对象主要是电子器件，依靠更换模块的方式进行，不需要大规模的专用检修设施，线路结构（含道岔、定子铁心、定子线圈、供电轨等）的维护主要包括日常检查、清扫及必要的调整，配置的检修设施宜简易、便捷。

复习思考题

1. 叙述中国上海磁浮示范线建设工程进展历程。
2. 叙述中国上海磁浮示范线磁悬浮列车的工作原理。
3. 叙述中国上海磁浮示范线的主要特点。
4. 叙述中国上海磁浮示范线的道岔结构及特点。
5. 叙述中国上海磁浮示范线采取的环境保护措施。
6. 为什么说中国上海磁浮示范线的车辆和控制部分采用德国 TR 技术？

第六章　日本中低速磁浮 HSST 系统

前面第三、四、五章主要介绍了超高速磁浮铁路技术，包括日本的 ML 技术和德国的 TR 技术，它们主要适用于长大干线铁路和城际铁路。本章主要介绍中低速磁浮铁路的典型代表——日本的 HSST 技术。HSST 系统主要应用于速度较低的城市轨道交通和机场铁路。我国的磁浮铁路研究目前大都侧重于中低速范围，并且大都参照 HSST 技术。

第一节　概　述

本节主要介绍日本 HSST 系统的基本情况，包括发展过程、主要特色及适用范围等内容。

一、早期发展过程

HSST（High Speed Surface Transport）称为"高速地面运输系统"。但从目前开发出的产品的实际最高运行速度划分，它还不能属于高速铁路的范畴，而应该称作中低速地面运输系统。

HSST 最初由日本航空公司投资，40 多年前从德国（当时的联邦德国）的克拉乌斯玛法依公司引进基础技术，希望用于机场到市区的快速轨道交通，后又与名古屋铁路公司等共同投资建立了"HSST 开发公司"（总部设在东京）。

1. HSST-01

20 世纪 70 年代中期，为了开发一种连接机场和市区的速度快、噪声低、乘坐舒适的交通工具，日本航空公司开始组织专家对磁浮技术进行研究。1974 年 4 月，小型磁浮试验装置的浮起试验获得成功。1975 年制造出了 HSST 试验车 HSST-01，电磁悬浮和直线电机驱动的磁浮试验车运行试验取得了成功。借助于火箭和直线电机驱动，HSST-01 在 11.6 km 长的试验线上达到了 308 km/h 的试验速度。

2. HSST-02

日本航空公司 1978 年向公众展出了 HSST-02 磁浮车，最高速度约为 100 km/h，总共有 9 个座位。为了改善舒适性，在车厢和悬浮框架之间采用了二系弹簧悬挂系统。在 1978—1981 年的试验期间，大约有 3 000 人次试乘了 HSST-02 磁浮车。

3. HSST-03

为了向公众展示新的磁浮交通技术，并在接近应用的条件下对新的磁浮交通技术最重要的部分功能进行试验，日本从 1983 年开始建造试验和展览车 HSST-03，并于 1985 年在筑波国际工艺博览会上展出。试验和展览设施由一条 300 m 长的线路、一个进出站、一套供电设备和一个维修站组成。该车有 48 个座位，车速限制在 30 km/h。展览会期间，总共有 60 万人次乘坐了该磁浮车。

1986 年，HSST-03 磁浮车被送到温哥华国际博览会展出。在一段 450 m 长、有弯道的线路上，磁浮车的运行速度达到 40 km/h。

4. HSST-04

日本 1987 年研制成 HSST-04 磁浮车，车重 24 t，长 19.4 m，可容纳约 70 名乘客，设计速度为 200 km/h。它与 HSST-03 车一样，也采用了复合支承、导向和驱动模块化技术，不同的是，新车走行模块从外侧包住线路。1988 年 5 月，HSST-04 型车在琦玉国际博览会展示，展示线路长 327 m，混凝土高架梁跨 12 m，轨道包括两个半径为 150 m 的曲线段，超高 2.3°，试验速度为 40 km/h。

5. HSST-05

1989 年 5—10 月，HSST-05 型车在横滨国际博览会上展示，展示线长 568 m，线路采用单片箱形梁结构，梁跨有 12 m 和 16 m，净空高 4.5 m，动载荷下梁的挠跨比为 1/3 800，由反应板和钢轨组成的走行轨通过钢枕与梁体连接。

早期的 HSST 发展及车辆特征情况见表 6-1（至 1996 年为止）。

表 6-1 HSST 早期车辆特征比较表

编 号	HSST-01	HSST-02	HSST-03	HSST-04	HSST-05	HSST-100
生产年代	1975.12	1978.5	1985.5	1987	1989	1991—1993
长/m	4.2	8.84	13.8	19.4	19.4	17
宽/m	2.6	2.0	2.95	3.0	3.0	2.6
高/m	1.1	1.75	3	3.6	3.6	3.3
席 位	0	9	48	50（70）	160	160
质量/t	1.2	1.8（2.4）	12.3（18.0）	19.8（27.0）	39.5（54.0）	18（30）
悬浮气隙/mm	13	8～10	11	9	9	8
供电/V	蓄电池 164	蓄电池 120	直流 280	直流 280	直流 280	直流 280
斩波频率/kHz	2	2	2	2	2	2

二、HSST-100

为了使适合于城市交通的 HSST 型实现商业运行，1989 年 8 月，以名古屋铁路公司（名铁）、爱知省、HSST 公司为中心，成立了"中部 HSST 开发股份公司"，着手 HSST 技术的进一步开发与试验。

1990 年，日本对 HSST 磁浮铁路系统与德国磁浮铁路系统进行了比较和评估，得出采用电磁悬浮的 HSST 和 TR 系统接近实用的结论，并计划研制 HSST-100 型磁浮列车。

1. 名古屋试验线

1991 年，日本在名古屋附近的大江，建成一条新的面向应用的试验线。试验线总长 1 530 m，最小平曲线半径为 100 m（主线）和 25 m（支线），最小竖曲线半径为 1 000 m，最大超高为 8°，最大坡度 70‰。

较早的名古屋 HSST 车辆导轨断面见图 6-1。

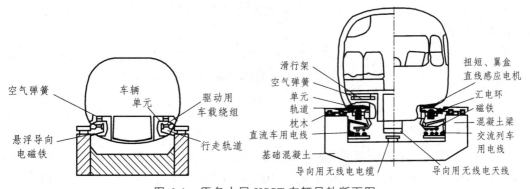

图 6-1 原名古屋 HSST 车辆导轨断面图

2. HSST-100S

HSST-100 适合于市区外围环线和放射形线路，在市内狭窄道路的情况下，其灵活性有利于选线。其设计车速为 110 km/h，限制坡度为 70‰。HSST-100 又分为两种型号：较短的 HSST-100S 和较长的 HSST-100L。

从 1991 年开始，在名古屋试验线上，HSST-100S 已成功地开始运行。HSST-100S 系统由 1 500 V 直流电供电，采用 VVVF（可变电压可变频率）逆变器供给直线电机。

HSST-100S 采用较短的车辆，车辆长度为 8 500 mm，宽度为 2 600 mm，高度为 3 300 mm，高峰载客量约 67 人，最小曲线半径为 25 m。其最高运行速度达到 130 km/h。

依照爱知省的委托，日本成立了城市交通磁浮直线电机列车实用化研究调查委员会，从 1991 年开始到 1995 年对 HSST-100S 型磁浮列车进行了 100 多项面向应用要求的运行试验。测试结果表明，HSST-100S 型磁浮列车是成功的。

3. HSST-100L

1995 年，在 HSST-100S 型的基础上，日本又研制了一台加长型样车，称为 HSST-100L，其模块由 6 个增加到 10 个，车辆长度由 8.5 m 增加到 14.4 m，一些器件在 HSST-100S 型试验结果的基础上进行了改进。HSST-100L 型磁浮列车是一列两辆编组的、商业运营车的样车，从 1995 年开始，在大江的试验线路上进行运行试验。

HSST-100L 设计速度 130 km/h，车辆长度为 14 000 mm（中间车为 13 500 mm），宽度为 2 600 mm，高度为 3 300 mm，高峰载客量约 118 人（中间车约 129 人），最小曲线半径为 50 m。

三、HSST 的发展

日本航空公司开发的 HSST-100 已达到成熟应用程度，已经进入实用化阶段。日本目前正在 JR 东海道的大船站—横滨梦之地之间着手建设营业路线，还正在建设名古屋东部丘陵线。

HSST-100 系列目前是 HSST 的主力车型，实际上它属于低速（或称普速）铁路。日本目前正在致力于研究速度更高的 HSST 系统，包括 HSST-200 和 HSST-300 系统。

1. HSST-200

HSST-200 适合于城市与近郊的连接交通线，可以大幅度缩短通勤、就学的时间。其设计车速为 200 km/h，限制坡度为 70‰。车辆长度为 18 500 mm（中间车为 17 100 mm），宽度为 3 000 mm，高度为 3 600 mm，高峰载客量约 143 人，最小曲线半径为 100 m。

HSST-200 的设计速度实际上已达到高速铁路的速度，但目前 HSST-200 只是处于设计阶段，还未实际车辆投入试验运行。

2. HSST-300

HSST-300 适合于城市之间或市区与机场之间的连接交通线，其设计车速为 300 km/h。HSST-300 的设计速度也达到了高速铁路的速度，但目前其技术还没有达到实际应用的程度。另外，由于 HSST 采用第三轨供电方式，实际上并未实现列车完全无接触行驶，这使得其最高运行速度无法达到日本 MLX、德国 TR 那样的超高速水平。故日本 HSST-300 将来能否达到 300 km/h 的设计速度，能否达到实用化水平，还有待将来实践的检验。

几种主要形式 HSST 的主要数据对比见表 6-2。

表 6-2　HSST 的主要数据

项　目		温哥华博览会试验线	HSST-100		营业线
		HSST-03	HSST-100S	HSST-100L	HSST-200
系统	支承形式	吸附式磁力悬浮			
	导向形式	吸附式磁力导向（与悬浮电磁铁兼用，交错形式配置）			
	驱动形式	车辆驱动异步直线电机（单侧直线感应电机）			
	悬浮气隙/mm	11	8（名古屋试验线）		7~9
导轨	路线长度/km	0.45（单线）	1.5（名古屋试验线）		根据需要
	最小曲线半径/m	250	50（名古屋试验线最小值）		最小值 100，1 100（200 km/h）
	限制坡度/‰	5	最大 70		最大 70
车辆	设计速度/（km/h）	60（运营速度 40）	110	130	200
	宽度/m	2.95	2.6	2.6	3.0
	高度/m	3.0	3.4	3.2	3.6
	头车长度/m	13.8	8.5	14.4	19.1
	中车长度/m		8.3	13.5	18.2
	单元/（台/辆）		6	10	
	空车重/（t/辆）	18	10	15	24
	满载重/（t/辆）		15	25	32
	座席数/（人/辆）	68+11 个辅助座席	高峰载客量 67	高峰载客量 118（中间车约 129）	50（含 10 个辅助座席），高峰载客量 143
乘客数（坐/站/总数）	4 辆编组		112/82/194	146/156/302	240/214/454
	6 辆编组		176/126/302	228/238/466	368/324/692
	8 辆编组		240/170/410	310/320/630	496/434/930

四、HSST 的特色

日本的 HSST 系统具有如下特色：

1. 舒适、无公害

HSST 不需要车轮，利用电磁铁的吸力作用悬浮走行，没有车轮与轨道接触所产生的噪声和振动，因此，HSST 不仅乘坐舒适，同时消除了公害问题。

2. 安全、不必担心事故发生

在构造上车辆环抱着轨道，不会出现脱轨、翻车等事故。此外，HSST 的悬浮系统利用了电磁铁的吸力作用，磁场不向外扩散，故对人体、磁卡完全没有影响。

3. 建设费用、养护维修费用低

由于 HSST 的车体质量轻，构造物规模小，轨道的建设费用、养护维修等运行费用可以降低，无须像传统铁道那样，投入巨额设备资金。

4. 技术成熟、可以早日实现实用化

HSST 从 1974 年开始开发，已经进行了无数次的试验和改良。使用了经过实践检验的 HSST，可以说是最接近实用化的磁浮城市轨道交通系统。

5. 新交通系统、适应各种条件

使用直线电机驱动，可以毫不费力地在陡坡区间行走，小巧的车体即使急弯处也能够顺畅通过。由于使用专用的高架轨道，不会有堵车问题。能够悬浮停车，适合于站间距离较短的城市交通系统。

6. 不受距离因素限制、适用于众多场所

HSST 不仅适合低速悬浮运行，也适合高速悬浮运行。在不久的将来，在城际交通运输、机场铁路等速度高达 200 ~ 300 km/h 的高速运输系统也有可能发挥其作用。

第二节　工作原理

本节主要介绍 HSST 系统的工作原理，包括悬浮原理、导向原理和驱动原理。

一、悬浮原理

HSST 的工作原理与德国的 TR 原理类似，均使用磁吸电磁式（EMS）工作原理。HSST 应用了磁铁吸引铁板的原理，轨道梁的两侧为悬空倒"U"形钢质铁磁性轨道，固定在磁浮列车上的悬浮兼导向的电磁铁正好置于轨道下方，且铁心呈正"U"形，与倒"U"形的轨道相对。安装在车体的电磁铁从下方产生吸引轨道的吸力，列车利用此吸力而悬浮。

如果放任吸力作用，磁铁将吸附在轨道上，因此在磁铁和轨道之间设置感应器，实时探测电磁铁与轨道的距离，通过调节电磁铁的励磁电流，调整电磁铁与轨道之间的引力，以保持电磁铁与轨道之间的距离（间隙）稳定在 8 mm 左右，实现列车稳定悬浮。

在名古屋试验线上早期应用的 HSST 的悬浮原理见图 6-2。

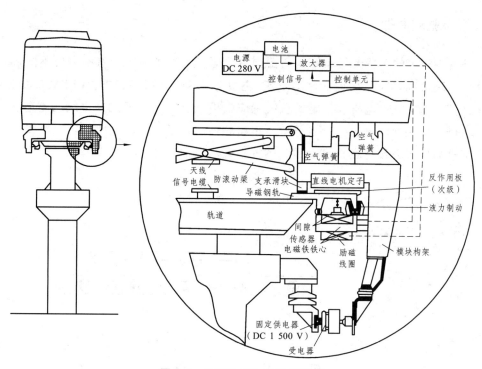

图 6-2　HSST-100 悬浮原理图

二、导向原理

列车在运行过程中会产生左右偏离，使得正"U"形电磁铁的铁心与倒"U"形轨道错位，两者之间的引力倾斜，产生一个与偏离方向相反的横向分量，利用其产生的作用力与轨道（倒"U"字形）、磁铁（"U"字形）之间的吸力相互作用进行纠正，使列车返回中心线，见图 6-3。也就是说，HSST 磁浮列车的导向是自动的，不需要导向电磁铁的主动控制。

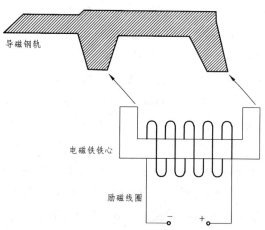

图 6-3　HSST-100 导向原理图

三、驱动原理

日本 HSST 的车辆及导轨结构与德国 TR 系统有些类似。两者的主要不同之处在于驱动原理方面。TR 采用地面驱动方式，电机为长定子直线同步电机（LSM），而 HSST 采用列车驱动方式，电机为短定子直线感应电机（LIM）。电机的初级线圈（定子，或称一次侧）安装在车辆上，与普通旋转电机相似的转子（或称二次侧、次级线圈）沿列车前进方向展开设置在轨道上，见图 6-4。

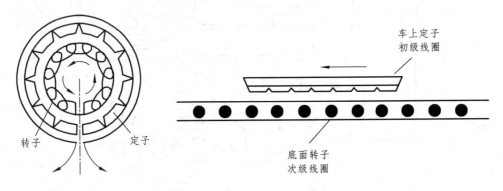

图 6-4　HSST 直线电机原理图

在倒"U"形轨道的背面（上方）敷设有铜质或铝质的反应板，正对其上方车体上安装有该直线电机的定子，当定子通入三相电流后，产生一个移动磁场，该磁场在感应板上感应出电流和磁场，由于磁场的作用产生推力，牵引列车前进或后退。

由于直线电机定子在车上，HSST 牵引功率的控制和转换由车上的设备来完成，而不像 TR 或 MLX 磁浮铁路那样，在地面实现牵引功率的转换和控制。

采用短定子直线感应电机牵引的优点是轨道结构简单（线路上无铁心和线圈）、控制方便（车上控制）、发车频率较高（采用类似轮轨铁路区间闭塞的方式防止列车追尾）、造价较低。缺点是电机功率因数较低（$\cos\varphi < 0.7$）和效率较低（$\eta < 0.7$）。这是因为当列车处于悬浮状态时，定子与反应板的距离（间隙）大约为 10 mm（而旋转电机间隙不到 1 mm），励磁功耗较大。电机功率因数低，导致功率设备容量远大于电机输出功率，设备的电流热损耗和电磁辐射损耗增大，导致能耗较大。

直线感应电机牵引的磁浮列车在较高速度下（如 300 km/h 以上）运行时，效率和功率因数还会更低，且在高速下，通过机械接触向车上供电也相当困难。因此，像 HSST 磁浮列车这样的系统适合在较低的速度（低于 120 km/h）下应用。

第三节 HSST 试验线

本节主要介绍位于名古屋附近的大江 HSST 试验线及试验结果评估。

一、试验线概况

日本于 1990 年在名古屋附近的大江建造了大约 1.5 km 的 HSST 试验线，并于 1991 年 5 月开始试运行。在这个试验线上，主要利用两辆编组 HSST-100 型列车进行运行试验，最高运行速度为 110 km/h。

为了验证 HSST 列车在陡坡和急弯处的运行性能，该试验线特别设计了 60‰、70‰ 的坡度和 100 m（适用于正线）、50 m 的曲线半径，并在原大江车站站场内设置了道岔系统。该试验线上列车的最高运行速度为 110 km/h。

二、试验结果评估

HSST 试验线 1991 年开始运行试验，试验逐渐进行。日本研究的 HSST 磁浮技术中，中低速（100 km/h 左右）技术最为成熟。截止到 1999 年 10 月，在该大江试验线上，HSST-100S 已运行了 6.3 万千米，试乘 1.3 万人；HSST-100L 已运行 5 万千米，试乘 1.7 万人。

试验结果由以东京大学技术系正田英介教授为主席，由运输省、建设省和其他单位的专家学者组成的可行性研究委员会进行评估。专家考察了 HSST 的噪声、振动和磁场影响等，结论是：HSST 磁浮铁路系统是舒适的低污染系统，能够应付紧急情况，长期的运行试验证明它是可靠的，并且由于其悬浮的优点使得它的维修量降低。作为城市交通系统，HSST 磁浮铁路系统已进入实用阶段，将来定会在城市交通系统中显示其特长。现在的任务是利用新技术使其更加完善。

对利用磁铁悬浮 1 cm 运行的常规磁浮铁路技术，日本运输省认为，在安全性、可靠性、舒适性等方面，技术上是成熟的，作为铁路运输工具也是可以认可的，进行营业运行没有问题，可以作为客运营业线使用。1993 年 4 月，日本运输省正式确认 HSST-100 系统是一种安全、可靠的交通系统，可以用于城市公共交通。运输省已发放了 HSST 的营业许可证。

在 1986 年举行的温哥华交通博览会上有 47 万人试乘了 HSST，1989 年的横滨博览会上试乘人数达到 126 万人。普遍的评价是噪声低、横向晃动小、感觉舒适。从实际客运试验方面也证明 HSST 技术是成熟的、实用的。

到 1998 年为止，在中低速磁浮铁路系统中，只有日本的 HSST 常导低速磁浮铁路系统发展到实用水平，并具有商业应用的可能性。

第四节 车 辆

本节主要介绍 HSST 的车辆，包括车辆结构、单元、电磁铁和直线电机。

一、车 体

试验线使用两种类型的车辆，包括基本上与新交通系统大小相同的 HSST-100S 型以及与铁路车辆基本相同的 HSST-100L 型。HSST-100L 车辆比原先的 HSST-100S 车辆的长度更长一些，从 1995 年开始试验。

车辆长度按照实际线路的要求进行设计。之后还要进行运行速度为 200 km/h 和 300 km/h 的 HSST-200 和 HSST-300 两种车辆的试验。此外，为了减轻质量，车体使用了铝合金结构。

HSST-100L 磁浮列车主要技术指标见表 6-3。

表 6-3 HSST-100L 磁浮列车主要技术指标

最高速度	130 km/h
悬浮气隙	8 mm
车辆组成	5 台转向架，40 台悬浮电磁铁和车体
二次悬挂	空气弹簧
车体材料	铝合金
转弯机构	机构转弯控制
导向方式	悬浮磁铁侧向力导向，最大为悬浮力的 20%
牵引电机	直线交流异步电动机，10 台/车
电机功率	50 kW/台
主逆变器	1 台/车，1 200 kV·A，为 10 台电机供电
辅助逆变器	AC 380 V/50 kV·A，为空调供电
牵引控制	等滑差控制
正常制动	电阻制动
应急制动	液压制动和滑块制动
加速度	起动不小于 0.9 m/s^2
减速度	常规制动不小于 0.8 m/s^2，紧急制动不小于 1.5 m/s^2
供电电压	DC 1 500 V
受流方式	正负受流轨双受流器受流
辅助电源	DC 280 V 和 DC 110 V
车辆限界	符合城市地铁标准
海拔范围	不超过 1 200 m
环境温度	$-20 \sim +45$ °C
车辆种类	有驾驶室的头车 Mc 和无驾驶室的中车 M，全为动车

续表

车辆长度	Mc 头车 14 400 mm，M 中间车 13 500 mm
车辆宽度	2 600 mm
车辆高度	3 190 mm
车辆质量	空车 15 t，满载 25 t
车辆载人	Mc 头车 69 人，M 中间车 82 人
列车编组	6 辆编组（Mc+M+M+M+M+Mc）
列车全长	2×14.4 m＋4×13.5 m＝82.8 m（6 辆编组）
列车载人	466 人（6 辆编组）
噪　声	车内不大于 60 dB，车外 10 m 不大于 64 dB

二、单　元

单元相当于通常铁路车辆的转向架。HSST 的车身一般由 4 个或更多沿纵向首尾相接的磁转向架共同悬浮。每个转向架都具有独立的悬浮、导向和驱动功能，相互之间可以互补，整车悬浮能力具有一定的冗余。转向架与车身通过空气弹簧连接。每个转向架有 4 组 8 个空气弹簧，因此 4 个转向架的车就有 32 个空气弹簧。这些弹簧的压缩气体通过管线和控制系统相互连接，构成一个统一的支承系统，使车厢的质量分布在各个转向架上，同时减少车身的振动，为乘客提供舒适的乘车感觉。每个转向架为两侧既相对独立又通过防侧滚梁而连成一体的模块化结构。即每一侧为一个模块组件，由 4 个悬浮兼导向电磁铁和一台直线电机定子组装而成，具有独立的悬浮、导向和驱动功能，其运动在防侧滚梁所限制的一个小范围内不受另一侧模块的约束（即机械解耦）。正是由于这种模块化机械解耦的功能，使得两侧轨道不必严格地保持绝对平行，降低了精度要求和控制的难度，允许列车通过较小半径的弯道。

HSST-100S 的每辆车上装有 6 个单元（转向架），HSST-100L 型的每辆车上装有 10 个单元。使用这样的构造，使车辆、轨道结构变得简便，平稳走行变得可能。单元的结构见图 6-5。

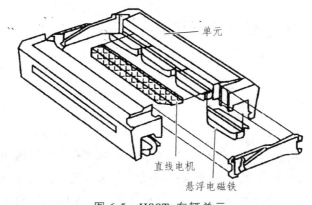

图 6-5　HSST 车辆单元

三、悬浮电磁铁

每个单元装有 4 个悬浮电磁铁。在 HSST-100S 型车辆上共安装有 24 个电磁铁，而在 HSST-100L 车辆上则有 40 个悬浮电磁铁，电磁铁使用 280 V 直流电，紧急情况断电时，蓄电池维持悬浮走行直到停车。

四、直线电机定子

1 个单元装有 1 个直线感应电机 LIM 定子，保证列车能够以速度 100 km/h 行驶，直线感应电机定子安装在车辆上，使用小型并且质量较轻的 VVVF 逆变控制器控制。

五、制　动

HSST-100L 磁浮列车通过牵引直线电机和液压制动器制动。在常规运行中，速度在 10 km/h 以上时，完全靠直线电机制动；速度为 5 ~ 10 km/h 时，采用直线电机和液压制动器共同制动；速度低于 5 km/h 时，仅使用液压制动器进行机械制动。液压制动器是通过液压装置使转向架上的机械制动装置钳住倒 "U" 形轨道槽沿，依靠摩擦阻力制动。在紧急情况下，当上述制动措施均失效时，磁浮列车可以通过支承滑靴降落在支承轨上，依靠摩擦使列车制动。

六、列车运行控制及信号传输

HSST 的定位方式与日本超导磁浮高速铁路类似，也采用交叉感应回线。交叉感应回线敷设在轨道中间的轨枕上，在磁浮列车底架上，正对交叉感应回线上方，安装有用于定位的信号接收探头。车上还设有通过交叉感应回线与地面设备实现数据通信的天线。磁浮列车可以无人驾驶，完全由地面控制中心操作磁浮列车运行。同时，在车上还设有操作台，也可由车上司机操作磁浮列车运行。

第五节　轨　道

HSST 的轨道安置在梁跨结构上。与 TR 磁浮列车类似，线路既可以高架，也可以低置于地面，但不可能同别的交通线路在同一水平面交叉。由于悬浮间隙（HSST 还包括直线电机与反应板的间隙）较小，所以该轨道对线路的精度要求较高。

本节主要介绍 HSST 的轨道,包括与传统轮轨铁路类似的"钢轨"、起直线电机转子作用的反作用板及道岔。

一、感应轨

在 HSST 轨道的顶面两侧,设置了起驱动、悬浮和导向作用的纵向构造物,由于其形状类似传统轮轨铁路的钢轨,也称为导磁钢轨,见图 6-2 和图 6-6,为车辆提供驱动、悬浮、导向功能,故称为感应轨。

图 6-6 HSST 的轨道

不过 HSST 的钢轨与传统意义上的钢轨不同,车辆的驱动力、支承力和导向力不是靠轮轨接触提供的,而是由电磁力提供。HSST 的钢轨断面为"∩"形,车辆上的电磁铁吸引两侧"∩"形钢轨的底面产生悬浮力。

二、反作用板

在导磁钢轨上面设有铝制反作用板(或称感应板、反作用力板),作为直线电机地面侧的"转子"部分为车辆提供驱动力,见图 6-2 和图 6-6。

三、道 岔

HSST 的道岔使用钢梁。道岔由三部分组成,转辙时道岔钢梁水平方向整体移动。其工作原理与日本 ML 的导轨平移式道岔及德国 TR 的高速道岔相同,见图 6-7。

图 6-7　HSST 的道岔

第六节　供电系统

名古屋试验线上的应用型 HSST 系统，利用车辆上磁铁的磁场与导轨磁铁铝板之间的电磁作用驱动列车行驶，牵引功率的转换和控制是在车上实现的，车辆上装有电源和产生移动磁场的装置，需要向车辆输送初始电流。

早期 HSST 系统中，列车上需要的直流电和交流电均从导轨内侧供应。改进后的 HSST 系统，列车上需要的电力直接从导轨外下侧设置的直流供电器上获得。新的供电系统在导轨底部侧面设置有固定供电轨（Rigid Conductor Trolley），为车辆供应 1 500 V 的直流电。车辆底部设置有受电器（或称电刷），对磁浮列车接触供电。这样处理，就大大简化了导轨结构。

在导向轨下方轨道梁侧面，敷设有两根供电轨，上面通有 1 500 V 或 750 V 直流电。当出现事故停电时，车载蓄电池将提供列车在紧急状态下所需的电能，控制列车安全停车和降落。

设在导轨下的固定送电轨由铝和不锈钢制成，这就使得车辆上的受电器即使在列车高速运行情况下也能从固定供电器稳定地获得电力供应。

第七节　安全与救援措施

磁浮线路基本为高架线，以避免与地面交通发生相互干扰。导轨梁上运行的车辆通常距离地面 7 m 以上。磁浮列车与普通列车有所不同，梁的两侧没有供乘客在应急情况下使用的路肩通道。因此，安全和救援措施是磁浮铁路设计中一个很重要的内容。

磁浮列车的安全设计在以下 3 个方面进行。

一、车辆系统的安全设计

与 TR 磁浮列车一样，HSST 磁浮列车从外侧环抱着轨道梁，从根本上消除了翻车和脱轨的可能。防止列车撞车的措施与地铁或轻轨相似，也是依靠联锁或闭塞系统，只是列车定位采用交叉感应回线，这在国外某些地铁和轻轨系统中也已经投入使用，因此并无特殊性。

列车供电采用双路供电，提高了供电系统的安全性，也就提高了列车运行的安全性。列车上安装有备用电源，以保证供电系统发生故障时，维持列车悬浮直到安全停车。列车上的悬浮和驱动等关键部件采用冗余设计，个别部件甚至一部分部件发生故障时，仍可保证列车安全运行。车厢采用阻燃材料设计，以确保旅客在发生火灾情况下的人身安全。

二、留车救援措施

若列车在运行区间发生异常情况，尽量将车辆行驶至车站，然后让旅客下车疏散。若列车在区间段发生故障无法行驶，可派救援车前往故障地点。在双线并行设计路段，救援车可利用另一条线开往事故车旁对齐车门平行停放，再于两列车之间放置踏板，使乘客撤离至救援车。

三、落地救援措施

由于 HSST 一般用于城市轨道交通，沿线通常有城市道路，个别地段也因施工等原因需修建辅助道路，这些道路可用于紧急情况下的救援使用。通过救援车辆将乘客转移至地面，乘客利用绳索或滑道直接从车厢降至地面。

第八节　HSST 与 TR 系统的比较

日本 HSST 系统与德国运捷 TR 系统同为磁吸型磁浮铁路技术，但两者在驱动、导向等方面有较大的不同。

一、导向、悬浮特征

HSST 与 TR 系统在悬浮方面的基本原理基本相同，在此不再赘述。

在 HSST 系统中，导向力也是由悬浮磁场的同一闭合磁路而产生的，垂直悬浮力和导向力合二为一，原因是图中气隙内磁通产生的电磁力力图保持图中上下两个铁心的对中位置，即磁阻最小的位置。假如在通过曲线时，由于离心力的作用使车辆横向移动，气隙内磁力线受到扭曲就会形成横向电磁分力。只要设计适当，在列车过弯道时选择合理的线路超高和横向电磁力的大小，导向力就可以与离心力平衡。

这种悬浮与导向力合二为一的系统，可用于中低速磁浮铁路（如日本 HSST 型），不适用于高速磁浮列车，如德国 TR 型。原因是依靠上下两个铁心相对错位而产生横向电磁力，其值毕竟较小；离心力与速度的平方成正比，在高速时，离心力随速度的增加急剧增加，该系统产生的横向电磁力已不能满足要求。因此，德国 TR 型磁浮列车的垂直悬浮力和横向导向力由两个独立系统产生。

TR 系统在线路两侧垂直地布置有钢板、导向电磁铁，它与线路的钢板形成闭合磁路，电磁铁线圈通电后产生横向导向力，两边横向气隙为 8～10 mm。车辆正好在中心线位置时，两边气隙和横向电磁力相等，而方向相反，互相平衡；通过曲线时，车辆一旦产生横向位移偏差，位移传感器会检测其变化，通过控制系统改变左右两侧电磁铁线圈电流的大小，使气隙小的一侧电流减少，电磁吸力变小，而气隙大的一侧电流增加，电磁吸力增大，合成产生导向恢复力并与列车离心力相平衡。显然，这种独立的导向力系统所产生的导向力远大于 HSST 的导向力。实质上，HSST 导向力的形成是利用磁场的边缘效应，它是垂向悬浮力的切向分力，不会很大。但是 TR 型磁浮列车的独立导向是用专门的电磁铁与线路两侧钢板产生的，车的质量、导向功耗以及线路成本会增加。所以对于中低速磁浮列车，由于离心力不是很大，用不着采用这种独立导向系统，而采用悬浮与导向合二为一的结构是可取的，日本 HSST 和我国正在研制的大部分磁浮铁路就是采用这种结构。

德国 TR 型磁浮列车的垂向悬浮力是由线路的同步电机铁心与车辆上同步电机的磁极之间形成气隙磁通产生的，驱动力（纵向牵引力）与垂向悬浮力两个系统合二为一，这也是德国 TR 磁浮列车优势所在。而日本 HSST 磁浮直线电机产生列车驱动力时，不但不产生有用的垂向悬浮力，而且产生有害的垂向干扰力。

二、驱动特征

用直线电机取代轮轨机车中采用的旋转电机，纵向（列车运行方向）牵引力不受轮轨黏着力限制，这决定了磁浮列车具有牵引力大、爬坡能力强、起动快和速度高等一系列优点。

磁浮铁路采用两种不同形式的直线电机，即短定子直线感应电机（LIM）和长定子直线同步电机（LSM）。

1. 长定子线性同步电机技术特征

德国 TR 和日本 MLX 磁浮超高速铁路都采用长定子直线同步电机（LSM）驱动，即电机定子三相交流绕组铺设在地面线路两侧，动力电源 VVVF（变频、变压系统）也设在地面变电所内，列车运行控制在地面运行控制中心完成。该技术对同步电机的同步控制精度要求也很高，需要对列车的速度和位置进行精确测控。

长定子方案由于沿线铺设电机定子绕组，其造价必然很高。地面同步电机的优点是功率大，功率因数高，适用于高速、超高速磁浮铁路。

2. 短定子直线感应电机技术特征

日本 HSST 磁浮铁路采用短定子直线感应电机（LIM），或称短定子线性异步电机。电机定子三相绕组布置在车辆两侧，而异步电机转子结构简单，仅仅是厚 4 mm 左右的铝板，铺设在线路与车上定子位置相应的两侧。所以，短定子磁浮线路的造价远低于长定子磁浮线路。由于电机绕组在车上，动力电源（VVVF）也必须装在车内，而 VVVF 是从地面供电轨（DC 1 500 V 或 750 V）取得电能，地面与磁浮列车之间必须安装受流器。所以严格地说，这种短定子直线电机铁路不是完全无机械接触的，高速时受流性能恶化。受流器（供电轨）决定了这种磁浮列车的运行速度不能很高，一般在中低速范围内运行比较合适。从目前的技术水平来说，速度超过 200 km/h 时的受流性能很难保证，故在高速范围内，HSST 的技术目前还不成熟。

从运行控制方面来说，短定子磁浮列车控制是在车上完成的，相对比较容易。但是，对磁浮直线感应电机控制时，必须使其法向力（垂向力）的影响降至最小。图 6-8 表示直线感应电机牵引力 F_x 和法向力 F_z 与频率 f 的关系曲线。

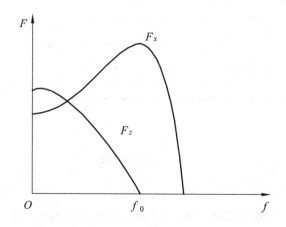

图 6-8　直线感应电机牵引力 F_x 和法向力 F_z 与频率 f 的关系示意图

图 6-8 表明，法向力 F_z 的极性在 f_0 前后是发生变化的，在 $f \leqslant f_0$ 时，法向力 F_z 表现为斥力；而在 $f \geqslant f_0$ 时，则表现为吸力，这种变化对磁浮系统来说是有害的。因为设计磁浮系统时，除了要克服车辆重力以及在运动中所产生的动力作用外，还必须考虑这种由电机而产生的法向干扰力。且分析证明，电机的法向力是很大的，它和电机牵引力有同样的数量级。为了避免这种干扰力，在设计电机和控制系统时，必须使磁浮铁路电机工作在频率 f_0 附近，即 $F_z \approx 0$。这就要求对磁悬浮列车的速度进行精确测量和控制。

三、结 论

表 6-4 列出了日本 HSST 和德国 TR 磁浮铁路的主要技术特征。具体选用何种磁浮交通方式，应根据要求的运行速度及技术经济要求综合考虑确定。

表 6-4　HSST、TR 主要技术特征比较

性　能	日本 HSST	德国 TR
目前最高设计速度 /（km/h）	130	450
直线电机	短定子直线感应电机（LIM）	长定子直线同步电机（LSM）
电机定子绕组安装位置	车上	地面线路上
导向与悬浮	合并设置	分别设置
导向力	小	大
直线电机功率	小	大
功率因数	低	≈ 1
控制难度	小	大
线路造价	低	高
是否需要受流器/供电轨	需要	不需要
适用场合	城市轨道交通、机场铁路	城际铁路、长大干线铁路

复习思考题

1. 为什么说日本 HSST 系统不应称作高速地面运输系统，而应称作中低速地面运输系统？

2. 简要分析 HSST-200 型系统的主要参数。

3. 简要总结 HSST 系统具有的特征。

4. 简要分析 HSST 系统的工作原理。

5. 紧要分析 HSST 系统车辆的各部分组成。

6. 简要分析 HSST 系统的轨道和供电系统。

7. 简要分析 HSST 系统的安全与救援措施。

8. 简要分析 HSST 系统与 TR 系统的异同。

第七章 我国磁浮铁路研究、发展及实践

我国政府和有关研究机构比较重视磁浮铁路的研究和开发，目前正大力推进几项磁浮铁路技术的开发及工程项目的建设。世界上第一条超高速磁浮营业线（上海磁浮线）已在上海建成，中国已成为继德国、日本之后第三个掌握高速磁浮铁路技术的国家，中国将为世界高速铁路、磁浮铁路谱写新的篇章。

磁浮铁路分为中低速和高速两大类。目前，我国磁浮铁路的研究重点主要放在中低速磁浮铁路技术方面。长沙磁浮快线和北京首条磁浮线路交通示范线 S1 线的相继开通，表明中国已成为日本、韩国之后第三个掌握中低速磁浮技术的国家。在我国，对磁浮列车技术的研究起步较早的有西南交通大学、国防科技大学、中国科学院、中国铁道科学研究院等几家单位。

本章主要介绍我国磁浮车辆、试验线及线路规划设想等方面的研究、发展及实践情况。

第一节 磁浮技术在中国的研究及发展概况

早在 20 世纪 70 年代，我国科技工作者对磁浮交通系统新技术的进展就给予关注。一些大学、研究机构开展了基础性研究，如国防科技大学在 20 世纪 80 年代开始研制小型磁浮试验系统，对电磁浮机理进行了理论分析、实验研究。中国科学院电工所在 20 世纪 70 年代中期开始了直线感应电机驱动的研究，对直线感应电机端部效应、直线电机的设计及计算方法进行理论研究和实验。西南交通大学和中国铁道科学研究院在 20 世纪 80 年代也对磁浮的原理进行了探讨研究。

在各单位研究工作的基础上，国家科委在"八五"期间组织了"磁浮列车关键技术"科技攻关。由中国铁道科学研究院牵头，国防科技大学、中国科学院电工所和西南交通大学参加，主要研究对象为低速磁浮列车。通过项目实施，基本掌握了低速电磁吸引式短定子直线感应电机驱动的磁浮列车的悬浮、驱动等关键技术，并研制成国防科技大学的 3 m×3 m 可载 40 人的单转向架磁浮列车系统，西南交通大学的 4 t 电气解耦双转向架磁浮实验车，以及铁科院牵头的 6 t 单转向架磁浮实验车。6 t 单转向架磁浮试验车的研制成功，为低速常导磁浮列车的研究提供了技术基础，填补了我国在磁浮列车技术领域的空白。

1996 年 4 月，科技部又组织了"九五"国家重大课题"磁浮列车重大技术经济问题研究"；组织了全国有关专家总结消化已有资料，进一步收集了新资料；对"八五"期间低速磁浮列车攻关情况进行考察论证、成果鉴定；多次与国外专家技术交流，并组团考察了日本和德国磁浮列车；对日本超导高速磁浮列车、德国高速磁浮列车和日本中低速 HSST 磁浮列车做了专题分析研究。结合我国实际，探讨我国发展磁浮列车的可行性和基本思路，进行了沪杭高速磁浮线可行性研究（日本超导方案）。项目组最后完成"磁浮列车重大技术经济问题研究报告""沪杭高速磁浮线可行性研究报告"和一系列的专题技术报告。

1999 年年底，科技部又组织了"九五"攻关课题"我国第一条高速磁浮列车试验运行线的可行性研究"，进一步消化、吸收了德国 TR 电磁吸引式高速磁浮列车技术，并以引进德国 TR 技术为基础进行了试验运行线选线方案比较，并提出建设上海磁浮列车示范运营线的建议。

一、西南交通大学研究情况

（一）基础研究

西南交通大学从 1986 年开始磁浮列车技术的研究，1994 年研制成功了我国第一辆可载人的 4 t 磁浮列车及其试验线，并通过科技成果鉴定。"九五"期间承担了国家重点攻关项目"常导短定子磁浮列车工程关键技术研究"和国家高技术研究发展计划（863）项目"高温超导磁浮列车系统实验装置"。2001 年 1 月 3 日，世界上第一辆载人高温超导磁浮实验车在西南交通大学研制成功。该车采用国产高温超导材料，底部 3 mm 厚的车载薄底液氮低温容器连续工作时间大于 6 h，悬浮净高 23 mm，加速度 6 m/s²，悬浮总质量 530 kg，可载 5 人。

（二）配套建设

磁浮列车是一个复杂的交通系统，为便于组织跨学科联合攻关，学校于 1996 年成立了以电气工程、土木工程和机械工程三个一级学科为基础的"西南交通大学磁浮列车工程研究中心"，中心下设"磁浮列车与磁浮技术研究所"和"磁浮列车与磁力应用工程实验室"，实验室被确定为四川省重点实验室和四川省青年科技创新示范基地。"九五"期间完成了国家"211 工程"建设项目"磁浮列车基础研究设备及试验线"，该项目包括磁浮列车电气试验系统、中低速磁浮列车直线电机及悬浮磁铁综合试验台、三磁转向架磁浮车及 S 形试验线，初步建成中低速磁浮列车基础试验基地。

（三）应用研究

1. 三磁转向架磁浮车及"S"形试验线

经过艰苦的努力，1999 年 9 月 2 日，西南交通大学磁浮列车工程研究中心研制成功采用常导短定子技术的磁浮列车演示模型，它是接近应用水平的三磁转向架的第二代磁浮车，同时建成了 28 m "S" 形钢筋混凝土线路，工作人员接通电源后，车体便浮起，离开轨道近 4 mm，同时在 7.2 m 长的轨道上快速运动。

2. 常导磁浮车辆

为了使磁浮列车技术走向实际应用，西南交通大学联合长春客车厂和株洲电力机车研究所成立了产、学、研相结合的磁浮列车研制、生产联合体，同时还与地方多家设计及工程单位合股组建了交大青城磁浮列车工程发展有限公司，负责青城山磁浮列车工程试验示范线的建设与试验。该项目还得到科技部的资助。

经过完善与改进，西南交通大学与长春客车厂和株洲电力机车研究所联合试制完成国产磁浮车辆，并于 2001 年 8 月 14 日在长春客车厂竣工下线。

这辆磁悬浮车辆为常导吸浮式磁浮车，车辆与轨道间距始终保持 8 ~ 10 mm 的悬浮气隙。它采用短定子直线感应电机驱动，制动系统为电阻制动与液压制动相结合的混合系统，列车采用自动运行控制系统、司机驾驶控制系统，采用交叉感应回线定位、测速和通信，运营速度 60 km/h，最高试验速度可达 100 km/h。这辆磁浮车长 11.2 m，宽 2.6 m，自重 18 t，载重 4 t，座位 30 个。车体采用铝合金板梁焊接，车体质量轻，自重仅 16 t。

3. 青城山磁浮列车工程示范线

西南交通大学曾经与有关单位合作在青城山风景区建设磁浮旅游试验线项目。青城山磁浮旅游线路位于成都市境内青城山附近，为一条旅游专线，使用西南交通大学的常导短定子磁浮技术。青城山磁浮列车为 3 辆编组，由两辆带控制室的头车和 1 辆拖车组成（车辆长 11.2 m，宽 2.6 m，自重 18 t，载重 4 t，座位 30 个，采用短定子异步直线电机牵引，制动系统为电机电阻制动与液压制动相结合的混合系统；列车采用自动运行控制系统、司机驾驶控制系统），可载客 80 人左右，运营速度 60 km/h，最高试验速度 100 km/h，线路轨道梁全部采用空心混凝土梁结构，采用交叉感应回线定位、测速和通信。

这种常导磁浮铁路适合于城市内的有轨运输和城市到郊区的运输，预计每千米的造价在 2 亿元左右。

青城山山门到白鹭度假村线路长 425 m，最大坡度 20‰，最小曲线半径 250 m，线路轨道梁全部采用空心混凝土梁结构。桥梁工程已于 2001 年 4 月开工，2001 年 8 月完成。原准备将来在这段线路上先进行有关的试验，如果指标正常，该铁路即可投入商业运营，现该线路遭到破坏。

4. 长沙磁浮快线（长沙南站至长沙黄花机场线）开通投入运营

2014 年 5 月 16 日，采用了西南交通大学和国防科技大学磁浮技术的长沙高铁南站至黄花国际机场的磁浮线路正式开工建设，这是我国第一条完全自主研发的商业运营磁浮线。2016 年 5 月 6 日，长沙磁浮快线载客试运营，现已投产正式运营，乘客从

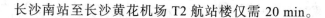

长沙南站至长沙黄花机场 T2 航站楼仅需 20 min。

5. 高温超导磁浮车

1997 年初，中德曾合作研制成功 20 kg 的高温超导磁浮模型车。

1997 年 10 月，国家"863"计划立项研究载人高温超导磁浮试验车，由西南交通大学主持，北京有色金属研究总院、西北有色金属研究院、中国科学院电工所参加。

20 世纪的最后一天，历时 3 年的"高温超导磁浮车"在西南交通大学研制成功，为新世纪献上了一份厚礼。2001 年 2 月，该高温超导磁浮车辆"世纪号"通过国家超导技术专家委员会专家组验收，并参加了在北京举办的"863 计划 15 周年成就展"。

该磁浮轨道上不是使用电磁铁而是使用永磁铁。永磁导轨长 15.5 m，采用双轨结构，车体的运动状态由地面控制系统控制。与目前德国 TR（常导）和日本 ML（低温超导）技术相比，高温超导磁浮在节约能源和操作维护方面更具有竞争力。

二、国防科技大学研究情况

1. 研究背景

国防科技大学的磁浮技术研究工作始于 1980 年，先后研制过几个小型磁浮实验系统。1989 年，集悬浮导向与推进为一体，研制成功重约 80 kg 的小型磁浮模型样车，可在 10 m 长的轨道上往复运行。该系统在长沙和北京进行了展示，接待了国家和政府部门的领导及近万名参观者；1991 年 5 月，国家科委组织立项论证，并于 1992 年正式列入国家"八五"科技攻关计划。

通过科技攻关，1995 年研制成单转向架磁浮列车系统。磁浮转向架是磁浮列车车辆的最小功能单元，具有独立悬浮、导向、推进与制动等功能。该系统具有 4 套独立的悬浮控制系统（含 8 个电磁铁、4 套控制器）、一套推进系统（含一对电机）、相应的二次悬挂系统、3 m×3.3 m 的车厢底板，可承载 40 多人，在 10 m 长的轨道上往复平稳运行。目前，正在进行试验的系统就是以该项研究成果为基础的。

2. 应用背景

根据规划，北京至八达岭高速公路通车后，高速公路的出口处建有停车场，停车场到八达岭长城景区距离 2.6 km，必须修建一条旅游连接线将游客运送到长城景区。考虑到磁浮列车具有无污染、噪声低、乘坐平稳舒适等特点，以及国防科技大学在"八五"科技攻关中所取得的进展，北京控股有限公司与国防科技大学共同商定进一步开发中低速磁浮列车技术。

3. 长沙中低速磁浮列车中试基地与 CMS-03 试验车

为使国防科大的磁浮技术走向应用，北京控股公司愿意出资支持国防科大建设中试基地，使国防科大的实验室成果能够在接近八达岭应用的环境下试验和改善各项关键技术。中试基地包括一辆试验车（CMS-03 型）和一段试验线路。

2001 年 4 月，中国首条自主开发的常导中低速磁浮列车试验线在位于长沙的国防科技大学建成并开始工程化试验。试验线由第三勘察设计院和国防科技大学磁浮技术研究中心设计。该试验线位于国防科技大学校园内，可以对线路和车辆进行各种试验，包括对磁浮列车转向架、整车、车载电器及车辆控制系统进行全面运行试验和调试。

该试验线是设想的北京八达岭长城磁浮列车旅游运营线的前期工程，参照该运营线的弯道及坡度设计，试验线路长 204 m、弯道半径 100 m、坡度 4.0‰，竖曲线半径1 000 m。下路部分于 2001 年 5 月建成，从 9 月初开始系统试验，11 月通过专家验收。

该试验线的导轨结构与日本的 HSST 导轨结构类似。为了给列车供电，在导轨下方采用一般的钢轨作为供电轨。

CMS-03 型试验车首车长 15 m，中间车长 14 m、宽 3 m，可承载 100 人左右，车体由 4 组转向架组成，车体于 2001 年 7 月下线。该磁浮车辆采用全新的外形曲线，流线型子弹头前围，设计速度 150 km/h，车身采用全铝合金结构，外蒙玻璃钢材料，车内设有空调暖气等装置。该车由北京控股有限公司投资并组织实施，国防科技大学负责系统集成，上海飞机制造厂、株洲机车车辆研究所、常州长江客车集团合作开发。整车四转向架的悬浮、推进、爬坡、制动、加载等试验已全部完成，各项测试指标达到设计要求。

2001 年 11 月 25 日，北京科学技术委员会在长沙主持召开了北京控股磁浮技术发展有限公司和国防科学技术大学中低速磁浮列车中试系统评审会，该系统通过了评审。

2014 年 5 月 16 日，采用了西南交通大学和国防科技大学磁浮技术的长沙高铁南站至黄花国际机场的磁浮线路正式开工建设，这是我国第一条完全自主研发的商业运营磁浮线。2016 年 5 月 6 日，长沙磁浮快线载客试运营，现已投产正式运营，乘客从长沙南站至长沙黄花机场 T2 航站楼仅需 20 min。

2015 年 4 月 20 日，采用了国防科技大学磁浮技术建设的北京第一条中低速磁浮线路开工建设，该线路是我国第二条中低速磁浮列车线路，现已投产运营。

三、中国科学院电工所研究情况

中国科学院电工所在 20 世纪 70 年代初期，开展了直线电机研究。当时的重点是短定子直线感应电机，对直线感应电机的纵向和横向端部效应、短定子两端空槽效应进行了深入的理论分析和试验研究，提出了计算公式，取得了较满意的成果。此外还对直线感应电机设计计算做了研究，并研制了直线感应电机加速器（100 kV·A、推力 4 820 N、速度 15 m/s），在航空部件试验装置上得到满意应用；还研制了铁路自动编组站推动货车车厢的直线电机（每台推力 1 940 N，同步速度 7.2 m/s，12 台电机串联，组成推车动力单元）。

在"八五"磁浮列车关键技术科技攻关中，电工所承担了直线电机研制，完成了样机设计和研制，样机功率 93 kW，额定速度 60 km/h，样机安装在铁科院牵头研制的 6 t 磁浮车上。在试验室建立了短定子直线感应电机试验台，并对用于磁浮列车的

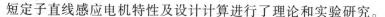

短定子直线感应电机特性及设计计算进行了理论和实验研究。

对超导推斥式磁浮列车，中科院电动所对其复杂的多回路、无铁心的电磁系统进行了理论研究。利用电路回路法，研究了空间磁场，计算了推力、悬浮力和导向力，其结果在第 14 届国际磁浮和驱动技术会议上发表。中科院电工所还与浙江大学合作用数值法计算了电磁场和相应推力、悬浮力及导向力。

对于块状高温超导体推斥磁浮，中科院电动所与德国布伦瑞克大学电气传动所、中国西北有色金属研究院合作，在 1997 年研制了高温超导磁浮列车原理模型，模型车自重约 7 kg，有效载荷 20 kg。环形轨道周长 10 m，采用长定子空气芯直线同步电机驱动，分段供电。该试验装置在 1997 年国际第 15 届超导磁体技术会议展出。与此同时，对模型的静态、动态特性进行了理论分析和试验研究，对高温超导磁浮的机理进行了分析和研究。

四、中国铁道科学研究院研究情况

中国铁道科学研究院于 1998 年 8 月安装调试完成 6 t 单转向架电磁悬浮铁道试验车辆 CHN-001，并于同年 11 月通过鉴定。该车采用 IGBT 现代电力电子斩波器控制车辆的悬浮高度，采用调压调频交-直-交变频器对直线感应电机进行变频调速，使车辆在倒 "U" 形感应板上行驶。推进电机参数按 200 km/h 设计，车辆按 100 km/h 设计。

中国铁道科学研究院还在环形试验基地试验室内修建了 36 m 长的一段线路，并建有室内悬浮试验系统。

车辆主要参数如下：

车辆尺寸：6.3 m × 3 m × 3 m；

额定悬浮高度：10 mm；

磁铁数量及悬浮质量：8 × 750 kg = 6 000 kg；

直线电机数量及功率：2 × 93 kW = 186 kW；

座席数：15 人（含司机）；

供电电压：750 V。

五、国内磁浮发展大事记

1989 年，国防科技大学研制成中国第一台小型磁浮原理样车。

1990 年，第一次"磁浮列车、直线电机技术研讨会"在西南交通大学召开。

1992 年，研制载人磁浮列车被正式列入国家"八五"科技攻关重点项目。

1994 年，西南交通大学研制成功了中国第一辆可载人常导低速磁浮列车。

1995 年 5 月 11 日，中国第一台载人磁浮列车在国防科技大学研制成功，使中国成为继德国、日本、英国、苏联、韩国之后，第六个研制成功磁浮列车的国家。

2000 年，西南交通大学磁浮列车与磁浮技术研究所研制成功世界首辆高温超导载人磁浮试验车（因受经费限制，从 2001 年到 2011 年的 10 年时间里，高温超导磁浮几乎没有大的应用进展）。

2001 年 1 月 23 日，上海磁浮交通发展有限公司与由德国西门子公司、蒂森快速列车系统公司和磁浮国际公司组成的联合体签署《上海磁浮列车项目供货和服务合同》，合同总金额 12.93 亿马克；2001 年 1 月 26 日，与德国线路及轨道梁技术联合体（TGC）签署《磁浮快速列车混凝土复合轨道梁系统技术转让合同》，合同使用德国政府赠款共 1 亿马克。2001 年 3 月 1 日工程正式开始，5 月专用道路全线贯通，7 月轨道梁生产基地投产。

2001 年 8 月 14 日，由长春客车厂、西南交通大学和株洲电力机车研究所联合研制开发的我国首辆磁浮客车，在长春客车厂竣工下线，从而使我国继德国和日本之后，成为世界上第三个掌握磁浮客车技术的国家。

2001 年 11 月 24 日，北控磁浮第一台磁悬浮列车通过中试评审。

2002 年 2 月 28 日，上海磁浮列车示范线下部结构工程全线贯通并开始架梁。

2002 年 12 月 31 日，上海磁浮列车示范线开始试运营。

2003 年，四川成都青城山磁浮列车线完工，该磁浮试验轨道长 420 m，主要针对观光游客。

2005 年 5 月，中国自行研制的"中华 06 号"吊轨永磁悬浮列车于大连亮相，据称其速度可达 400 km/h。

2005 年 7 月，北控磁浮第二辆磁浮车在北车唐山客车厂下线，并投入试运行。

2005 年 9 月，中国成都飞机公司开始研制 CM1 型"海豚"高速磁浮列车，最高速度 500 km/h，原本预计会于 2006 年 7 月在上海试行。然而，由于技术难题，该车转交国防科技大学继续研制成功，该车在上海同济大学嘉定分校内。

2005 年，由长春客车厂生产的另一辆高速磁浮车研制成功。

2006 年 4 月 30 日，中国第一辆具有自主知识产权的中低速磁浮列车，在四川成都青城山一个试验基地成功经过室外实地运行联合试验，利用常导电磁悬浮推动。

2008 年 5 月，唐山客车厂建成了一条 1.547 km 的中低速磁浮列车工程化试验示范线，科技部将其确立为国家科技支撑计划中低速磁浮交通试验基地。

2009 年 5 月 13 日，国内首列具有完全自主知识产权的实用型中低速磁浮列车在唐山客车厂完成组装，顺利下线，并随即开始进行列车调试。

2010 年 4 月 8 日，由成都飞机公司（简称成飞）制造的中国首辆高速磁浮国产化样车在成都实现交付，标志着成飞已具备磁浮车辆国产化设计、整车集成和制造能力。

2012 年 1 月 20 日，一列中低速磁浮列车在株洲电力机车有限公司下线，该磁浮列车采用三节编组，最高运行速度为 100 km/h，列车最大载客量约 600 人。

2014 年 5 月 16 日，高铁长沙南站至长沙黄花国际机场的长沙磁浮工程正式开工建设。这是我国第一条完全自主研发的商业运营磁浮线。

2014 年 8 月，中国中低速磁浮列车技术在常州实现新突破：西南交通大学牵引动力国家重点实验室与西南交通大学常州轨道交通研究院联手，自主研制出速度可达

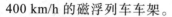

400 km/h 的磁浮列车车架。

2015 年 4 月 20 日，北京第一条中低速磁浮线路，也是我国第二条中低速磁浮列车线路 S1 线全面开工。

2015 年 12 月 8 日，由铁四院设计施工总承包的湖南长沙中低速磁浮铁路工程全线疏散平台铺架完毕。长沙中低速磁浮铁路是中国首条自主研发的磁浮线，西起长沙南站，东至黄花机场，线路全长 18.55 km。

2015 年 12 月 2 日，长沙磁浮列车首次进行全线 18.55 km 的热滑试验，经磁浮榔梨站、抵达磁浮机场站后，顺利返回磁浮车辆段综合基地。

2016 年 5 月 6 日，中国首条具有完全自主知识产权的中低速磁浮商业运营示范线——长沙磁浮快线开通试运营，该线路也是世界上最长的中低速磁浮运营线。

2017 年 12 月 30 日，北京中低速磁浮交通示范线 S1 线（以下简称 S1 线）石厂站至金安桥段首班车开通试运营，这是首都地铁路网中的首条磁浮线路。

2018 年 1 月 25 日，速度 600 km/h 高速磁浮交通系统技术方案在青岛已通过专家评审，今年将研制一节样机，2020 年研制出样车并完成 5 km 试验线验证。这标志着由中车四方车辆股份有限公司牵头承担的国家重点研发专项"高速磁浮交通系统关键技术"课题取得重要阶段性成果。

第二节　我国已建成的磁浮铁路线

除第五章介绍的上海磁浮示范线于 2002 年 12 月 31 日建成并开通商业运营外，长沙磁浮快线 2016 年 5 月 6 日正式开通商业运营，北京首条磁浮线路中低速磁浮交通示范线 S1 线（以下简称 S1 线）石厂站至金安桥段首班车也于 2017 年 12 月 30 日开通试运营，这是首都地铁路网中的首条磁浮线路。目前，全国已经有商业运营的三条磁浮铁路上海磁浮示范线、长沙机场线、北京 S1 线运行均良好。

值得一提的是，2002 年年底上海引进德国技术建成了国内首条高速磁浮线，至今已 19 年，仍是全球唯一商业运营的高速磁浮线路，而长沙磁浮快线和北京首条磁浮线路中低速磁浮交通示范线则属于磁浮中的另一个类别——中低速磁浮，设计最高速度为 100 km/h。对于长沙和北京中低速磁浮与上海高速磁浮的区别，应该说两者应用领域完全不同，高速磁浮适用于长大干线，如京沪线，对标的是高铁；而低速磁浮则运用于城市轨道、旅游景区等短途线路，对标的是地铁、轻轨。

除中国外，目前世界上商业运营的中低速磁浮线路还有三条，首先是日本名古屋中低速磁浮线路，2005 年 3 月开通，连接名古屋到爱知世博会举办地丰田市，全长约 9 km；其次是 1998 年预算，2010 年完工的华盛顿杜勒斯机场地铁，采用德国 TR 技术，用长定子直线同步电机驱动，由地面控制中心予以控制；再次是韩国，2014 年 7 月，仁川国际机场至龙游站磁浮线路投入运营，全长 6.1 km。

本节重点介绍长沙磁浮快线开通和北京首条磁浮线路中低速磁浮交通示范线（S1线）开通。

一、长沙磁浮快线开通

（一）开通情况

1980 年，国防科技大学、西南交通大学和同济大学等科研机构相继开始常导电磁悬浮技术研究。2000 年以来，相继在长沙国防科技大学校内、成都青城山、上海临港、河北唐山客车厂、湖南株洲电力机车厂建设了中低速磁浮中试基地和工程试验线，形成以中车株机公司和中车唐山厂为代表的磁浮车辆总成厂，以株洲电力机车研究所为代表的磁浮交通牵引和供电等核心电气设备制造单位。

长沙磁浮快线连接长沙火车南站和长沙黄花机场，全长 18.55 km，全线设高铁站、榔梨站和机场站 3 座车站，2014 年 5 月开工建设，2016 年 5 月 6 日载客试运营。据湖南磁浮公司统计数据显示，2016 年 5 月 6 日至 2017 年 5 月 5 日，长沙磁浮快线共计开行列车 35 175 列次，累计发送旅客 2 599 762 人次。运行中的长沙磁浮快线列车如图 7-1 所示。

图 7-1　运行中的长沙磁浮快线列车

长沙磁浮工程正式开通商业运营，标志着我国已全面掌握中低速磁浮研发、制造、建设及运营的成套技术，这是中国首条具有完全自主知识产权的中低速磁浮商业运营示范线，也是世界上最长的中低速磁浮运营线。

该线路磁浮列车由中国中车株洲电力机车公司与国防科技大学等高校研发制造，设计最高速度 100 km/h，每列车最大载客量 363 人。

长沙中低速磁浮列车具有安全、噪声小、转弯半径小、爬坡能力强、运行平稳等特点，多项成果达到国际领先水平。中国也由此成为世界少数几个掌握中低速磁浮列车技术的国家之一。转弯半径小是磁浮列车又一个显著的特点。磁浮列车能通过

100 m 甚至更小的弯道。而一般轮轨要转弯起码需要 300 m。之所以能有爬坡能力强、运行平稳、转弯半径小的特点，都依赖于磁浮列车靠的是脱离轨道的离地运行。

中低速磁浮列车的工作原理：中低速磁浮列车的铁轨本身不带电，而列车底部装有磁铁（见图 7-2）。当列车底部与铁轨接近时，磁铁就产生吸力。而磁浮技术的核心就在于通过 8 mm 的间隙，让吸力始终保持在较为稳定的状态，从而实现列车的平稳悬浮。最后磁浮列车再通过车上装载的直线电机产生的牵引力，实现列车悬浮于轨道上的离地运行。

图 7-2　长沙中低速磁浮列车

长沙中低速磁浮列车还具有另外一个特点是，无须大规模拆迁改造地面建筑，线路建设成本低。因为悬浮在铁轨上，没有轮轨接触，所以磁浮列车爬坡时就不会受到车轮的限制。一般的轮轨列车，在 100 m 之内爬不到一层楼高，而磁浮列车至少可以爬到三层楼的高度。较之其他的轮轨列车，磁浮列车可以轻松地穿越地面上的障碍物。同时，因为转弯半径小，磁浮列车在建设时可以少走很多弯路。建设磁浮线路时就不需要对城市已有的地面建筑进行大规模的拆迁改造，也不用在地下挖隧道，架设线路，所以如果在一个城市里修建一条磁浮铁路，成本就很低。长沙的这条中低速磁浮线路，全线投资包括拆迁在内，1 km 的成本只需 2.3 亿元，而长沙的地铁 1 km 成本则要 7 亿元。

不过对于磁浮列车，乘客也会有一些担心，在空中悬着，如果突然遭遇停电，乘客会不会有生命危险呢？首先，磁浮列车上装有三组牵引系统、三套电源、一套备用的蓄电池。其次，即使遇到意外，全部部件失灵，列车也不会脱轨。如果突然停电，列车会从 8 mm 的空间落到轨面上，但冲击不会很大。同时，磁浮列车还有"抱轨"设计（见图 7-3），即在磁浮列车的下端，设计了两个钢铁"胳膊"，这两个臂膀将铁轨紧紧搂住，防止磁浮列车发生脱轨和侧翻。

近年来，国内有些城市也曾有过建设磁浮线路的规划，但因为公众对磁浮列车辐射和噪声的担忧，让很多建设计划暂时搁浅。磁浮列车的辐射真的很大吗？测试团队来到了距离长沙磁浮快线 5 m 的地方，进行了一次现场测试，仪器记录了列车经过时的辐射最大值，表上显示的是 1.46 μT。测试团队又找了一把电吹风，进行了一次比较测试，电吹风的辐射值是 47.03 μT。电吹风辐射值是磁浮列车的几十倍。

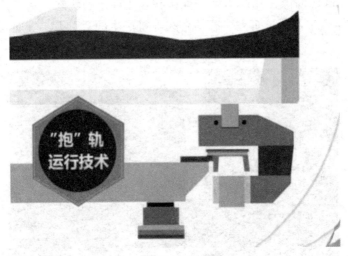

图 7-3 磁浮列车"抱轨"设计

噪声也是公众担心的问题。在车厢里磁浮列车的噪声不大，但是磁浮列车沿途要直接穿过一些生活小区。在楼宇间行驶，它运行时的外部噪声会不会对周边的居民造成很大的影响呢？测试团队又进行了一个噪声的测试，与磁浮列车相距 5 m 的地方，平均 73 dB。噪声测试工程师表示：事实上，这个测试值偏高，原因是正常情况下，我们是不可能站在与磁浮列车相聚 5 m 的地方的。随后，测试团队又在一个路口测试了一辆普通汽车经过时的噪声值，这个噪声值远高于磁浮列车从身边经过时产生的噪声。

2002 年年底，我国第一条高速磁浮线路在上海正式试运营，运行速度达到 430 km/h。但是上海的高速磁浮快线运营 19 年间，未能实现盈利。在这种情况下，我国为什么还要打造中低速磁浮线路，并将它投入运营呢？通过把城市轨道交通中的地铁、轻轨和磁浮列车从单程运力、速度、建设成本、对周边环境的影响几个方面进行对比。从这个比较中可以看出，地铁的单程运力最高，中低速磁浮列车的运力最低；从速度上看，中低速磁浮列车速度最快，而轻轨的速度最慢；而从对周边环境的影响上看，地铁因为在地下运行，影响最小，而轻轨因为噪声较大，对我们的生活影响比较大；而从建设成本上来看，地铁的成本最高，中低速磁浮远低于地铁，略高于轻轨。综合几种城市轨道交通的优劣，我们发现中低速磁浮列车因为速度快，建设成本低，除了适于在城市间穿行，它还比较适合城际间的交通连线。

中国工程院院士刘友梅说，一个城市要解决交通出行的问题，地铁、公交、轻轨样样都不能少，各种交通工具都有自己的长处和短处，城市交通的多样性需求决定了各种交通装备不可简单地相互代替。

中国交通运输系统工程学会一位专家表示，磁浮列车具有环保、快速、安全、舒适、易于修建、维护成本低等优点，尤其中低速磁浮列车特别适用于城市客流不大的快速延伸线，像机场、产业区、郊区间等。

长沙中低速磁浮示范线是我国完全享有自主知识产权的高科技产品，它的运营标志着我国在相关领域的科研和生产能力获得了突破，走在了世界前列。磁浮交通作为先进轨道交通制造业的一部分，它将带动机械、电气、电子、网络等相关产业的迅速发展，为经济带来新的增长点。

作为湖南构建中国中部空铁一体化综合交通枢纽，实现磁浮技术工程化、产业化的重大自主创新项目，长沙磁浮工程采用 PPP 融资模式，总投资 42.9 亿元人民币。

长沙磁浮快线与高铁的结合情况如下：

（1）磁浮高铁站与长沙火车南站"无缝连接"，磁浮-高铁一体化换乘；

（2）"和谐共存"，线路及电磁环境互不干扰；

（3）空铁联运，与长沙黄花机场"无缝连接"，在磁浮高铁站建设城市航站楼。

（二）长沙中低速磁浮列车司机操纵台简介

司机操纵台设备布置如图 7-4、图 7-5 所示。

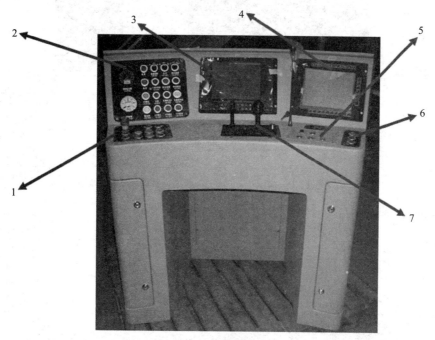

1—按钮面板；2—仪表面板；3—ATC 车载显示屏；4—网络控制显示屏；
5—司机广播控制盒和刮雨器控制盒；6—右门按钮面板；7—司机控制器。

图 7-4 司机操纵台布置

图 7-5　司机操纵台设备示意图

按钮面板和仪表面板配置如图 7-6、图 7-7 所示。

司机操纵台按钮面板

部件及代码	功　能	备　注
紧急制动按钮	触发紧急制动	自锁，复位需旋转
起浮按钮	给出起浮指令	自复位，脉冲触发
降落按钮	给出降落指令	自复位，脉冲触发
空调关按钮	给出关空调指令	自复位，脉冲触发
空调开按钮	给出开空调指令	自复位，脉冲触发
合主断按钮	给出合主断指令	自复位，脉冲触发
分主断按钮	给出分主断指令	自复位，脉冲触发
关左门按钮	给出左门关指令	自复位，脉冲触发
开左门按钮	给出左门开指令	自复位，脉冲触发
强泵按钮	给出强泵指令	自复位，脉冲触发
汽笛按钮	给出鸣笛指令	自复位，脉冲触发
再关门按钮	给出再关门指令	自锁，复位需旋转
开右门按钮	给出右门开指令	自复位，脉冲触发
关右门按钮	给出右门关指令	自复位，脉冲触发
说明：自复位按钮，脉冲触发操作时不用长按，触发时 $0.5\,\text{s} \leqslant t < 1\,\text{s}$		

图 7-6　按钮面板配置及功能

司机控制台仪表面板

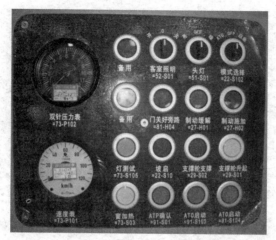

部件及代码	功　　能	备　注
客室照明开关	开启客室灯和司机室灯	自复位，脉冲触发
头灯开关	开启头灯，有弱光功能	电平式
模式选择开关	选择列车运行模式	电平式
门关好旁路指示灯	此灯亮起，门关好已旁路	
制动缓解指示灯	此灯亮起，列车制动已缓解	
制动施加指示灯	此灯亮起，列车制动已施加	
灯测试按钮	给出灯测试指令	自复位，脉冲触发
坡起按钮	给出坡起指令	自复位，脉冲触发
支撑轮支撑按钮	给出支撑轮施放指令	自复位，脉冲触发
支撑轮升起按钮	给出支撑轮收起指令	自复位，脉冲触发
窗加热按钮	给出窗加热指令	自复位，脉冲触发
ATP 确认按钮	给出 ATP 确认指令	自复位，脉冲触发
ATO 启动按钮	给出 ATO 启动指令	自复位，脉冲触发
ATO 启动按钮	给出 ATO 启动指令	自复位，脉冲触发
说明：自复位按钮，脉冲触发操作时不用长按，触发时 $0.5\ \mathrm{s} \leq t < 1\ \mathrm{s}$		

图 7-7 仪表面板配置及功能

司机控制器结构及功能如图 7-8 所示。

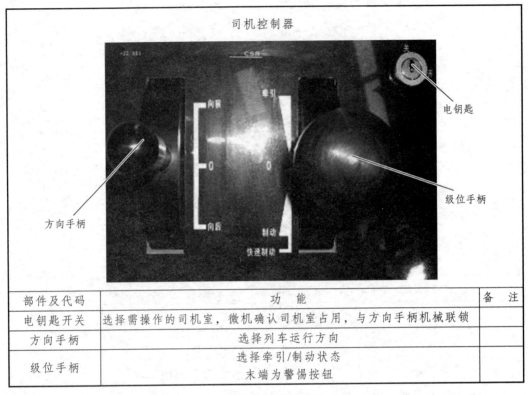

部件及代码	功　能	备　注
电钥匙开关	选择需操作的司机室，微机确认司机室占用，与方向手柄机械联锁	
方向手柄	选择列车运行方向	
级位手柄	选择牵引/制动状态 末端为警惕按钮	

图 7-8　司机控制器结构及功能

（三）基本开车流程

1. 开车前列车基本检测

检查司机室操作台按钮板件在初始位置，检查司机室继电器柜各空气开关处于闭合位，各旋钮按键在初始正常位，110 V 电池电压值在正常范围内。

2. 列车激活

将列车激活旋钮（72-S101）打到合位，然后激活列车，屏幕上电点亮。

3. 模式选择

选择是否 ATC 切除模式（91-S09）。

4. 开车前基本测试操作

灯测试，汽笛鸣音。

5. 司机室占有

司机室钥匙由关转到开位置，HMI 司机室前端显示占有指示。

6. 检测客室门关闭状态

确保客室门关闭，检查门关好指示灯亮起（81-S101）。

7. 列车起浮

按压起浮按钮（25-S101），完成列车起浮。

8. 合高速断路器

高速断路器（21-S101）合。

9. 方向施加

方向手柄向前。

10. 牵引施加

施加警惕（手柄按下即可施加警惕），牵引手柄向前。
注：如果以上步骤正确操作，此时列车将处于启动状态。

二、北京首条磁浮线路中低速磁浮交通示范线 S1 线开通

2011 年 2 月，经国家发改委批复，经北京市政府批准，同意建设 S1 工程。在规划图纸上，S1 线呈现出"反 Z"形状，西起门头沟石门营站，东至石景山区苹果园站。

2017 年 10 月 16 日，在行驶的磁浮列车上，北京市重大项目建设指挥部办公室公布了 S1 线路车站的定名。定名内容显示，北京 S1 线线路全长 10.236 km，设站 8 座，全部为高架站，分别是石厂站、小园站、栗园庄站、上岸站、桥户营站、四道桥站、金安桥站、苹果园站。8 站中换乘站两座，在金安桥站与地铁 6 号线换乘，在苹果园站与地铁 1 号线、地铁 6 号线换乘。在石厂站北侧设车辆段 1 座，北京 S1 线控制中心接入北京市轨道交通指挥中心。

2017 年 12 月 30 日，北京中低速磁浮交通示范线 S1 线石厂站至金安桥段首班车开通试运营，这是首都地铁路网中的首条磁浮线路。全线长 9 km，列车单程运行需用时 16 min。S1 线将和地铁 6 号线西延段、1 号线苹果园站实现换乘。运行中的北京磁浮 S1 线列车及其司机室见图 7-9 和图 7-10。

图 7-9　运行中的北京磁浮 S1 线列车

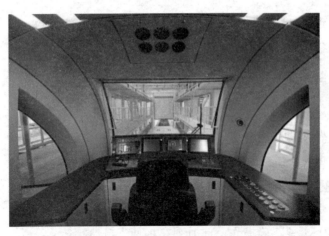

图 7-10　S1 线首列磁浮列车司机室

磁浮列车的新特点：磁浮列车与轮轨列车最大的区别就是靠电磁系统取代了轮轨系统，没有车轮，车体和轨道不接触，没有摩擦，因此也没有振动，噪声非常小，磁浮系统保证列车与铁轨之间有 8 ~ 10 mm 的空隙，车身起落时非常平稳，乘客基本感受不到振动；同时，S1 线列车安装有专门的制动器，保证了列车安全、平稳刹车。目前，S1 线共有 10 辆磁浮列车，其中 5 辆列车投入运营，同时，每辆列车还配有日检、月检和年检，以保证其安全运行。

在磁浮地铁 S1 线正式试运行前，北京地铁公司对列车进行了全方位的检测，确定了磁浮列车可以在雨雪天气正常行驶，同时，十级以下的风，对车辆行驶没有较大影响。

即使悬浮列车突然没电，列车也不会有危险，因为除了持续供电之外，列车上还配有专门的蓄电池，蓄电池的作用之一就是在线路突然断电的情况下保证车辆能安全落下。根据设计数据，列车上安装的蓄电池，能给车辆供应 2 min 的电；而车辆安全下落的时间只要 20 s，蓄电池的电足够使车辆安全落在轨道上。

北京 S1 线项目国防科技大学技术总工程师、国防科技大学教授李杰接受采访时曾表示，这些没有轮子的车厢安装了电磁铁，和 F 形的轨道通电后产生吸引力，悬浮距离为 8 ~ 10 mm。磁浮列车具有很多优越性，它安全可靠，爬坡能力是地铁这些轮轨列车的两倍。关于磁浮交通的安全性，车辆始终抱轨运行，没有脱轨危险。这个坡度是往前走 1 km 可以爬 70 m 的高度，有 20 层楼这么高。

北京 S1 线噪声小、无摩擦、养护成本低，而且还节能。北京地铁供电分公司项目部经理说："节能模块设置了再生系统，当车辆制动的时候，产生的电能可以反馈到电网，然后再次利用，节省电能的消耗。直流系统有直流母线和备用母线，可以保证应急情况下正常供电。"

对于市民关心的电磁辐射问题，总工程师说："S1 线采用车、轨、梁一体技术，电磁完全封闭，不会泄漏。"另外，中国科学院电工研究所研究员介绍，电工所曾多次测量 S1 线的电磁辐射，结论是强度远低于国际非电离辐射防护委员会（ICNIRP）公布的

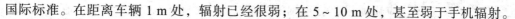

国际标准。在距离车辆 1 m 处，辐射已经很弱；在 5~10 m 处，甚至弱于手机辐射。

首列磁浮列车上首次使用的高科技还很多。北京地铁机电分公司第二项目部副经理介绍说："消防水系统是地铁首次采用干式消防系统，平时消防水系统水管是不带水的。因为 S1 线属于地上站，冬季的时候管网不会冻裂；当接到报警信号以后，泵排水 5 min 之内把全站的消防管路打满水，末端能提供 10 m 的水柱。"

红外对射装置类似于通常的激光头，在两节车厢之间站台门的上面，装有两个红外对射，在车门关闭的过程中，如果有人挡住红外对射时，会影响安全回路，列车门和站台门都无法关闭，这样保证了乘客不会被夹伤。

最后简要回顾一下北京第一条中低速磁浮梦实现的漫长历程。

1. 八达岭磁浮项目最终搁浅，耗时 5 年的建设准备工作不果

北京八达岭长城，中国铁路梦开始的地方，贯穿八达岭的京张铁路是中国自主修建的第一条干线铁路。一个世纪前，詹天佑博士创造性地设计了"人"字形线路，使火车在此处翻山越岭。他的铜像至今竖立在八达岭长城脚下的青龙桥火车站前。鲜有人知的是，八达岭也是中国中低速磁浮梦开始的地方。1999 年初，八达岭长城景区外扩，新建停车场在距长城 2.6 km 外的高速公路出口处，究竟采用怎样的交通方式将游客搭载上行？轻轨、大巴这两种载客模式先后被否决，最新的磁浮技术进入人们的视野。为建造八达岭磁浮，北京磁浮公司（当时名为北控磁浮公司）应运而生。2002年 11 月，原北京市计委在完成对八达岭示范线前期操作审查后，向北京市政府提交了《关于八达岭旅游示范线立项请示报告》。此时，八达岭磁浮线的选型、可行性研究、办公楼建设等都已完成。但事与愿违，由于方方面面的原因，八达岭磁浮项目最终搁浅，耗时 5 年的建设准备工作不果。

继八达岭线之后，中国中低速磁浮推广有过多种传言，包括昆明世博园项目、成都青城山项目、北京东直门到首都机场线、沪杭磁浮线等，但都无疾而终。

2. 北京 S1 线立项，北京的磁浮交通建设得以重新开始并最终建成

直到 2011 年 2 月，由门头沟通往市区的北京 S1 线立项，北京的磁浮交通建设得以重新开始。当年，公司领导在接受媒体采访时展望"两年以后（注：即 2013 年），我国第一条，世界第二条，也将是世界上最长的中低速磁浮交通线，将在首都大地上舞动它的风采。"然而，好事注定多磨，S1 沿线大量复杂的拆迁工作让工期一推再推。此外，2013 年 5 月，国务院将城市轨道交通项目审批权下放到地方，由于审批权下放过程中，两级政府之间存在衔接空当，工期再一次被推后。始料未及的还有，长沙磁浮后来居上，2014 年审批，2015 年建成，2016 年通车，长沙磁浮以迅雷不及掩耳之势夺下了"我国第一""世界上最长"等桂冠。

从 1999 年，北京磁浮公司的八达岭之梦开始，到 2017 年底 S1 线建成，北京的第一条磁浮线路前后经历了 18 年。十年磨一剑已经不足以描述它的漫长历程。但这18 年并非虚度，北京磁浮公司标准和知识产权部经理说："在这 18 年里，我们取得多

项磁浮技术及工程化应用成果，立项国家标准 1 项，颁布行业标准 9 项，地方行业标准 1 项，企业标准 50 多项。我们建立的标准为国家磁浮发展奠定了基础。"

第三节　我国在建或拟建的磁浮铁路线

上一节谈到磁浮沉寂多年后，近年来以长沙磁浮和北京磁浮为代表的国产中低速磁浮另辟蹊径，呈现燎原之势。应该说，长沙机场线和北京 S1 线具有示范意义：它不仅示范着磁浮的性能优势与应用场景，也示范着磁浮技术在中国的曲折进程。本节主要介绍我国在建或拟建的磁浮铁路线。

一、新疆首条磁浮铁路在乌鲁木齐开建

2016 年 11 月 16 日，新疆首条磁浮铁路在乌鲁木齐开建，预计很快就能完工通车，速度为 100～120 km/h。随着中铁第一勘察设计院承担的乌鲁木齐至南山中低速磁浮铁路测控工作的圆满完成，新疆首条磁浮铁路的建设正式启动。

乌鲁木齐至南山中低速磁浮铁路项目起点为高架车站三屯碑站，终点至南山的游客中心站，线路全长 38.07 km，其中高架线长约 36.26 km，地面线长约 1.81 km，全线新设车站 8 座，均为高架站，站均间距 5.4 km。全线设一段一场，车辆段自城南经贸区南站引出，停车场自游客中心站引出。该项目主要服务于乌鲁木齐市区至南山旅游产业基地旅游客流，并兼顾乌鲁木齐城南经贸合作区到南山旅游产业基地的交通需求，速度设定为中低速。

据了解，乌鲁木齐中低速磁浮项目由乌鲁木齐市建委牵头，将与北京中铁建集团通过"政府与社会资本合作"模式建设，项目开建后，预计 3 年左右的工期便能完工，届时从乌鲁木齐市区只需要 20 min 即可抵达南山。

相比地铁交通，中低速磁浮具有成本低、行驶稳等特点。地铁每千米造价约 8 亿元，而磁浮每千米只要 2 亿元。由于没有轮轨的摩擦振动，磁浮车辆在速度 80 km/h 运行时的噪声仅为 70 dB 左右，可以做到车辆从楼房窗外 10 m 穿过而楼内的人员不易察觉；最小转弯半径只有 50 m，仅为地铁的 1/2，最大限度地避免拆迁；爬坡能力强，可以在 100 m 的距离内爬上 2 层楼的高度，而一般的轮轨交通最大爬坡能力仅为其 1/2。

二、成都中低速磁浮试验线和示范线的选线及建设方案已稳步推进

2018 年将是成都轨道交通建设开拓创新之年，轨道交通建设将按照全面支撑东进、加密中优线网、发展西控旅游线、稳妥推进北改和南拓轨道交通建设的总体思路，

以实施轨道交通加速成网建设计划为总体目标，加快建设步伐。成都市轨道交通有关中低速磁浮试验线和示范线项目将结合成都市"东进"战略、国内外新型中低速磁浮系统技术和产业本地化发展前景对试验线和示范线的选线及建设方案进一步深入研究，并从政府引导、项目引领、技术整合等层面谋划成都市磁浮轨道交通技术产业中低速—中高速—高速—超高速的发展路径，成都至德阳尤其具有修建优势。

三、山东计划开跑磁浮列车

山东交通迎来新规划，未来不但能在家门口坐上磁浮列车，还能享受以济南、青岛为中心的"1 h、2 h、3 h"高速铁路交通圈。未来将实现济南至青岛、青岛至周边市、全省相邻各市 1 h 通达，济南与省内各市 2 h 通达。

2021 年，高速磁浮列车已在山东青岛下线，速度 500~600 km/h，已在试验线上试运营，预计会进行推广。

四、八达岭磁浮梦有望重启

第三节已谈到八达岭磁浮项目由于种种原因最终搁浅，耗时 5 年的建设准备工作不果。但据有关负责人介绍，八达岭是磁浮梦开始的地方，有关部门和人员正在计划重启这个搁置了十多年的项目，期待圆梦长城脚下。也许古老文明遇见现代科技只是时间问题。

除此之外，另据报道，广东清远和四川成都都在建设中低速磁浮铁路，江苏徐州等城市将于近期开始筹建磁浮铁路。

第四节　新型磁浮交通方式的探索

本节主要介绍新型磁浮交通方式，主要包括磁浮飞机和真空永磁悬浮列车。

一、磁浮飞机

1. 磁浮飞机简介

美国麻省理工学院（MIT）从 20 世纪 70 年代开始磁浮飞机（Magplane）概念的研究。在国家科学基金资助下，完成了一个 1/25 的试验模型，在 100 m 的试验轨道上，进行过 5 代车的数百次试验，建立了全尺寸的 6 维仿真模型，对列车的各种性能进行了仿真。

磁浮飞机的基本结构特点是轨道和车体下部的断面均呈圆弧形。轨道两侧为导电的铝质材料，中间部分为长定子直线电机的绕组（空心线圈）。车体下部的中间部分是作为直线电机次级的永久磁铁，两侧也是按着一定极性排列的永久磁铁。

车体开始运行时由车轮支撑，轨道两侧的铝导轨内将产生涡流，从而产生车体的上浮力，当速度达到 20 km/h 以上时，车轮将离开轨道，磁浮飞机的悬浮间隙为 5 ~ 15 cm。由于车体下部的磁场呈弧形分布，因此这个磁场同时具有悬浮与导向的功能。长定子直线电机牵引功能与德国 TR 类似，只不过是永磁型同步直线电机，据介绍磁浮飞机的速度可达 400 ~ 500 km/h，也可低速运行。低速时，牵引磁场与永久磁铁之间有防滚作用，高速时车体上部的翼面也起防滚作用。

磁浮飞机的道岔没有机械移动部件，主要依靠牵引磁场的导向力。

磁浮飞机的概念是从低温超导悬浮结构概念发展而来的。早期的磁浮飞机车体下部两侧不是永久磁铁，而是低温超导线圈，20 世纪 70 年代的试验模型就是用超导悬浮系统实现的。近年来，稀土合金的永磁材料大幅度降价，磁浮飞机改用永磁材料取代超导部分，形成现在的概念。之所以称之为磁浮飞机，因为它有三大特点，一是磁浮飞机运行中离开轨道的高度比磁浮列车更高，距离有 80 ~ 150 mm，如同在轨道上"飞行"；二是其运行速度非常高，可达 550 km/h；三是具有许多飞机的特点，如列车两侧有"牙翼"，有点像飞机的翅膀，尾部还有起平衡作用的"尾翼"，这样保证了磁浮飞机在运行时，无论前、后、左、右所坐的乘客质量是否相近，都能保持它的平衡性和稳定性，其自动控制系统、方向舵、车厢、卫星定位系统等设备都是按飞机标准设定的，具有无机械噪声、无污染、速度快、节约能源等优点。磁浮飞机的概念结构非常简单、很有特色。但目前尚未进行工程试验，其商业运用尚需时日。

2. 我国的研究与探索情况

据媒体报道，继国产磁浮车辆在西南交通大学完成各项性能试验后，磁浮飞机项目也将落户成都。该项目的投资方之一的成飞集团公司负责人说，磁浮飞机项目是中美双方共同合作的项目，2001 年 9 月 26 日已在四川成都正式签署了项目合同。中美两国的 5 家公司将共同出资组建成都飞美合资有限公司，利用美国的技术，建立"磁浮飞机"研制生产基地。

这种美式磁浮飞机是一种新型的陆上有轨高速交通运输工具。它实际上是磁浮列车，用永磁铁替代超导磁铁。最高的"飞行"速度可达 500 km/h，从成都到北京只需 4 个多小时，城内速度最高可达 120 km/h，而票价定位将在空调大巴和出租车之间。磁浮飞机可容纳 100 余名乘客，将适用于 20 km 以上的运距，对西部地区高密度人口城市之间的交通将起极大的作用。比如成都至重庆，如果建设磁浮飞机，1 个半小时可以到达。而且磁浮飞机还具有结构简单、造价低、噪声小等特点，其造价也远低于日式、德式磁浮列车。

目前，中美双方就磁浮飞机项目仅初步达成意向性合作，最终还要通过中美双方政府的认定。如果合作成功的话，将在成都建立一个磁浮飞机生产基地，整个生产线都将建立在轨道上。

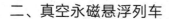
二、真空永磁悬浮列车

在 2002 年 9 月举行的乌鲁木齐经济贸易洽谈会上，乌鲁木齐磁谷科技有限公司展示的磁浮原理车吸引了众多宾客的目光。

磁谷科技有限公司首席执行官介绍说，目前他们正在研发的课题被称作"中华 06 号磁浮列车之概念设计"，设计出的一套真空磁浮管道输送系统已获成功。经有关专家论证，根据"中华 06 号磁悬浮列车的概念设计"制作出的原理车，在实验室内运行成功。其中，吊轨式磁浮结构在国际上尚无先例，与德国 TR 系列、日本 ML 系列相比，在关键技术上，如吊轨系列，永磁补偿悬浮等具有创新性。

据有关媒体介绍，中国正在研制超级磁浮列车，采用真空钢管设计，未来的速度可达到 2 000 km/h。

最早提出真空管道磁浮运输概念的，是美国兰德咨询公司和麻省理工学院的专家。真正将这一运输方式落实为图纸的，是美国佛罗里达州机械工程师戴睿·奥斯特（Daryl Oster），经过多年的研究与设计，戴睿于 1999 年在美申请获得真空管道运输（ETT）系统发明专利。

复习思考题

1. 中国是什么时候开始研究磁浮技术的？
2. 中国研究磁浮技术的单位有哪几家？各自研究情况如何？
3. 简要介绍长沙磁浮快线及其特点。
4. 简要介绍北京首条磁浮线路 S1 线及其特点。
5. 我国在建或拟建磁浮线路有哪些？
6. 新型磁浮交通方式有哪些？各自有何特点？

参考文献

[1]　叶云岳. 直线电机及其控制[M]. 杭州：浙江大学出版社，1989.

[2]　刘华清. 德国磁悬浮列车 Transrapid[M]. 成都：电子科技大学出版社，1995.

[3]　吴祥明. 磁浮列车[M]. 上海：上海科学技术出版社，2003.

[4]　连级三. 磁浮列车原理及技术特征[J]. 电力机车与城轨车辆，2001，24（ 3 ）: 23-26.

[5]　魏庆朝，孔永健. 磁悬浮铁路系统与技术[M]. 北京：中国科学技术出版社，2003.

附录　学习资源

关于磁浮技术的视频资料和课件，可扫描下方二维码或登录下列网址查看：
http://open.163.com/movie/2015/8/Q/4/MAV637N72_ MAV6ARGQ4.html

科技之光——上海磁悬浮列车（视频）

电磁悬浮系统原理演示（视频）

神秘列车——真空管道磁悬浮列车（视频）

磁悬浮列车原理、特点、应用（课件）

真空管道超高速地面轨道交通（课件）